"十四五"职业教育国家规划教材

U0239497

编程基础——C语言

赵淑娟 阴婷婷◎主 编

盖春光 段 红 段 欣◎副主编

電子工業出版社.

Publishing House of Electronics Industry

北京·BEIJING

内 容 简 介

本书根据教育部《职业教育专业目录（2021 年）》中职计算机类专业对 C 语言编程的基本要求编写，采用项目任务式的编写方法，通过 10 个项目 31 个任务详细介绍了 C 语言的用法和基本编程思想。将工匠精神、创新精神、劳动价值等思政元素融入项目中，实现"课程思政"与专业知识的深度融合。本书配有大量通俗易懂的趣味经典案例和丰富的示例代码，每个项目都配有学生熟悉和与企业实际应用相关的实践拓展任务，尽可能让复杂的问题以简单的形式展现出来。

本书内容覆盖面较广、叙述通俗易懂、实训简洁明了，特别适合初学者自学及作为中等职业学校计算机类、电子信息类等相关专业的教材，也可作为全国计算机等级考试二级 C 语言程序设计考试参考用书。

本书配套丰富的数字化、立体化教学资源，包括课件、微课、案例程序源代码、题库等资源，同时配套学习辅导与上机实训用书。

图书在版编目（CIP）数据

编程基础：C 语言 / 赵淑娟，阴婷婷主编. —北京：电子工业出版社，2021.11

ISBN 978-7-121-42538-7

I. ①编… II. ①赵… ②阴… III. ①C 语言—程序设计—中等专业学校—教材 IV. ①TP312.8

中国版本图书馆 CIP 数据核字（2021）第 260778 号

责任编辑：关雅莉　　文字编辑：郑小燕
印　　刷：三河市君旺印务有限公司
装　　订：三河市君旺印务有限公司
出版发行：电子工业出版社
　　　　　北京市海淀区万寿路 173 信箱　邮编　100036
开　　本：880×1 230　1/16　印张：13.25　字数：305.3 千字
版　　次：2021 年 11 月第 1 版
印　　次：2024 年 12 月第 9 次印刷
定　　价：39.80 元

凡所购买电子工业出版社图书有缺损问题，请向购买书店调换。若书店售缺，请与本社发行部联系，联系及邮购电话：（010）88254888，88258888。

质量投诉请发邮件至 zlts@phei.com.cn，盗版侵权举报请发邮件至 dbqq@phei.com.cn。

本书咨询联系方式：（010）88254589，guanyl@phei.com.cn。

为建立健全教育质量保障体系，提高职业教育质量，教育部于 2014 年颁布了中等职业学校专业教学标准（以下简称专业教学标准）。专业教学标准是指导和管理中等职业学校教学工作的主要依据，是保证教育教学质量和人才培养规格的纲领性教学文件。在"教育部办公厅关于公布首批《中等职业学校专业教学标准（试行）》目录的通知"（教职成厅函〔2014〕11 号）中，强调"专业教学标准是开展专业教学的基本文件，是明确培养目标和规格、组织实施教学、规范教学管理、加强专业建设、开发教材和学习资源的基本依据，是评估教育教学质量的主要标尺，同时也是社会用人单位选用中等职业学校毕业生的重要参考"。

2021 年 3 月，教育部又印发了《职业教育专业目录（2021 年）》，公布了最新的专业目录。

本书特色

从开辟"鸿蒙"到"人工智能"，C 语言从一诞生就开始了它的风行世界之旅，放眼现在与未来：华为的自研操作系统就是主要用 C 语言开发的，万物皆可互联、机器拥有智能的时代，也依然离不开 C 语言。C 语言是什么？因何而来到这个世界？它能做什么？为何能长盛不衰？让我们跟随本书一起来开启 C 语言学习之旅吧！

本书根据教育部《职业教育专业目录（2021 年）》中职计算机类专业中计算机网络技术、软件与信息服务、网络信息安全、大数据应用等专业对 C 语言编程的基本要求编写，采用项目任务式的编写方法，通过 10 个项目 31 个任务详细介绍了 C 语言的用法和基本编程思想。

本书编写理念

（1）从培养兴趣出发，教材案例基于企业真实场景。教学实例的选取贴近学生生活或为学生所熟悉，让学生在学习程序设计的过程中，不再感到枯燥乏味，把学习程序设计变成一件快乐的事情。

（2）采用以程序设计为主，以语言介绍为辅的新理念。课程教学不再局限于使学生机械地了解和掌握 C 语言的基本语法规范，而是致力于培养学生程序设计思想以及运用 C 语言解决实际问题的编程能力。

（3）打破传统"理论+实验"的教学方式，实施项目教学"教、学、做"合一的模式。

（4）以项目教学为中心组织教材内容，突出对学生职业能力的训练。

本书特色

（1）本教材由企业工程师和学校教师共同开发，企业工程师深度参与教材的编写过程。使得企业技术标准、岗位能力要求、行业先进技术能有机融入教材内容。

（2）教材内容采用项目化的编写模式，注重理论与实践相结合，以行业企业工作场景为载体融入真实项目实践案例。

（3）教材体现"课程思政"思想。将劳模精神、劳动精神、工匠精神、创新精神等思政元素融入项目中，实现"课程思政"与专业知识的深度融合。

（4）教材的编写注重多样性，"以学生为中心"，体现学生的主体性。体现"做中学，做中教"的职业教育理念和产教融合的类型特征。

本书作者

本书由教科院长期从事计算机专业教研工作，对专业教学有深入研究与思考的教研员，职业学校一线教师和企业工程师共同参与，制定了合理的编写流程和科学分工。本书由齐河县职业中等专业学校赵淑娟、青岛城阳区职业教育中心学校阴婷婷担任主编，东营市化工学校盖春光、安徽省教育科学研究院段红、山东省教育科学研究院段欣担任副主编、青岛市城阳区职业中等专业学校迟克群等老师参与编写，源粒子公司工程师（山东电子职业技术学院）刘益红担任主审。浪潮软件股份有限公司工程师王建和一些职业学校的老师参与了程序测试、试教和修改工作，在此表示衷心的感谢。

教学资源

为了提高学习效率和教学效果，本书配套丰富的数字化、立体化教学资源，包括课件、微课（重点解析）、案例程序源码、题库等资源，请有需要的读者登录华信教育资源网免费注册后下载。有问题时请在网站留言板留言或与电子工业出版社联系（E-mail:hxedu@phei.com.cn）。

由于编者水平有限，书中难免有错误和不妥之处，恳请广大师生和读者批评指正。

编 者

2021 年 9 月

目 录 ▼ CONTENTS

项目 1　初窥门径——C 语言和程序设计 ……………………………………………… 001

　　任务 1　Hello world！——初识 C 语言 …………………………………………… 002

　　　　1.1　编程语言 …………………………………………………………………… 002

　　　　1.2　C 语言的发展及特点 ……………………………………………………… 003

　　　　1.3　Dev-C++介绍 ……………………………………………………………… 004

　　任务 2　求两个整数之和——C 语言程序的结构 ………………………………… 007

　　　　1.4　C 语言程序的结构 ………………………………………………………… 007

　　　　1.5　C 语言程序的上机步骤 …………………………………………………… 008

　　　　1.6　程序设计的任务 …………………………………………………………… 010

项目 2　算法与流程图 ………………………………………………………………… 013

　　任务 3　循环累加求 100 以内整数和——算法 …………………………………… 014

　　　　2.1　算法的概念 ………………………………………………………………… 014

　　　　2.2　算法的特性 ………………………………………………………………… 015

　　　　2.3　算法的优劣 ………………………………………………………………… 016

　　任务 4　判断连续年份是否为闰年——流程图绘制 ……………………………… 018

　　　　2.4　用自然语言表示算法 ……………………………………………………… 019

　　　　2.5　用流程图表示算法 ………………………………………………………… 019

　　　　2.6　用 N-S 流程图表示算法 …………………………………………………… 021

　　　　2.7　结构化程序设计方法 ……………………………………………………… 022

项目 3　基本数据类型与顺序程序设计 ……………………………………………… 027

　　任务 5　庆祝建党 100 周年——数据的表现形式及其运算 ……………………… 028

　　　　3.1　数据的表现形式及其运算 ………………………………………………… 028

　　任务 6　计算奥运冠军的总得分——运算符和表达式 …………………………… 037

3.2　运算符和表达式 ··· 038

任务 7　统计捐赠物资——C 语言语句及输入/输出函数 ························ 043

3.3　C 语言语句 ·· 043

3.4　格式输入/输出函数 ·· 046

3.5　字符输入/输出函数 ·· 050

项目 4　选择结构程序设计 ·· 057

任务 8　'A'比'a'大吗?——关系表达式 ·· 058

4.1　关系运算符及其优先级 ·· 058

4.2　关系表达式 ·· 059

任务 9　闰年的表示——逻辑表达式 ··· 060

4.3　逻辑运算符及其优先级 ·· 060

4.4　逻辑表达式 ·· 061

任务 10　儿童票售票提示——if 选择语句 ·· 062

4.5　if 语句的三种形式 ·· 063

4.6　条件表达式 ·· 065

任务 11　打印成绩等级——switch 多分支语句 ·· 067

4.7　switch 多分支语句 ··· 067

项目 5　循环结构程序设计 ·· 072

任务 12　求阶乘——for 语句 ·· 073

5.1　for 语句 ·· 073

任务 13　求 π 的近似值——while 语句 ··· 076

5.2　while 语句 ··· 076

任务 14　计算数字位数——do…while 语句 ·· 078

5.3　do…while 语句 ··· 079

任务 15　统计非正常视力人数——转移控制语句 ····································· 080

5.4　break 语句 ··· 081

5.5　continue 语句 ··· 081

任务 16　输出区间内素数——循环结构的比较与嵌套 ······························ 083

5.6　循环结构的比较 ·· 084

5.7　循环结构的嵌套 ·· 084

项目 6　利用数组处理批量数据 ··· 090

　　任务 17　计算选手得分——一维数组 ··· 091

　　　　6.1　一维数组的定义与引用 ··· 091

　　　　6.2　一维数组的初始化 ··· 093

　　任务 18　打印杨辉三角——二维数组 ··· 095

　　　　6.3　二维数组的定义与引用 ··· 096

　　　　6.4　二维数组的初始化 ··· 097

　　任务 19　恺撒加密——字符数组 ··· 100

　　　　6.5　字符数组的定义与引用 ··· 101

　　　　6.6　字符数组的初始化 ··· 102

　　　　6.7　字符串处理函数 ··· 103

项目 7　用函数实现模块化程序设计 ··· 111

　　任务 20　输出里程较长的中国高铁线——函数的定义与函数的调用 ······· 113

　　　　7.1　函数的定义 ··· 113

　　　　7.2　函数的调用 ··· 115

　　　　7.3　函数的参数和返回值 ··· 118

　　任务 21　求阶乘——函数的嵌套调用和递归调用 ····························· 122

　　　　7.4　函数的嵌套调用和递归调用 ··· 123

　　任务 22　找出数组中的最大值——数组作为函数参数 ······················· 126

　　　　7.5　数组作为函数参数 ··· 126

　　任务 23　求长方体体积及侧面积——函数的作用域 ··························· 130

　　　　7.6　函数的作用域 ··· 130

　　　　7.7　变量的存储类别 ··· 133

项目 8　利用指针灵活处理程序 ··· 142

　　任务 24　按大小顺序输出数值——指针和指针变量 ··························· 143

　　　　8.1　指针和指针变量 ··· 143

　　任务 25　逆序输出——指针与数组 ··· 149

　　　　8.2　指针与数组 ··· 149

　　任务 26　使用函数顺序输出——指针与函数 ····································· 155

　　　　8.3　指针与函数 ··· 156

项目 9　使用结构体与共用体打包处理数据 ································· 163

任务 27　入学信息统计——结构体 ································ 164

9.1　结构体类型 ·· 164

9.2　结构体变量 ·· 166

9.3　结构体数组 ·· 170

任务 28　体育测试成绩统计——共用体 ····························· 174

9.4　共用体类型 ·· 174

9.5　共用体变量 ·· 175

项目 10　对文件进行操作 ······································· 184

任务 29　向磁盘写入文本，建立文件——文件的打开和关闭 ················· 185

10.1　文件类型 ·· 185

10.2　文件缓冲区 ··· 186

10.3　文件类型指针 ··· 187

10.4　文件的打开与关闭 ······································ 188

任务 30　编程实现文件复制——顺序读/写文件 ························ 191

10.5　顺序读/写文件 ·· 192

任务 31　"Welcome"写入文件再读出后显示——随机读/写文件 ·············· 196

10.6　随机读/写文件 ·· 197

10.7　文件检测函数 ··· 198

附录 A　基本字符 ASCⅡ 码表（0～127） ··························· 203

附录 B　运算符表 ·· 204

项目 1

初窥门径——C 语言和程序设计

项目概述

　　如同人和人的交流需要语言一样，我们与计算机的交流也需要语言；编程语言是人与计算机打交道的桥梁，它是人类的翻译官。众所周知，C 语言是较早的几门编程语言之一，它至今仍服务于现代社会。从开辟"鸿蒙"到"人工智能"，C 语言从一诞生就开始了它的风行世界之旅，放眼现在与未来：华为的自研操作系统就是主要用 C 语言开发的，万物皆可互联、机器拥有智能的时代，也依然离不开 C 语言的身影。从 TIOBE 世界编程语言排行榜可以看出，C 语言一直都名列前茅，让我们跟随本书一起来开启 C 语言学习之旅吧！

学习目标

　　【知识目标】了解编程语言及 C 语言的发展和特点；掌握 C 语言程序的运行步骤与方法。

　　【技能目标】能阅读简单的 C 语言程序。

　　【素养目标】培养学生一丝不苟的学习习惯。

知识框架

任务 1

Hello world!——初识 C 语言

任务描述

　　编程语言是人与计算机打交道的桥梁，它充当人类的翻译官，请在 C 环境中输出"Hello world！"。

任务分析

　　本任务通过在 C 环境中输出"Hello world！"，了解编程语言及 C 语言的发展和特点，初步认识 Dev-C++的运行环境及运行的基本步骤。

知识准备

　　或许在此之前你没接触过 C 语言，但你肯定听说过它，因为对于其他编程语言来说，C 语言确实是一个"老古董"了。但 C 语言之所以能长盛不衰，自有它的优势和特点。

1.1　编程语言

　　编程语言是干什么的？为什么需要学习编程语言？简单地说，编程语言是人类与计算机打交道的桥梁，它充当人类的翻译官。计算机语言经历了以下几个发展阶段。

　　机器语言　计算机工作基于二进制，从根本上说，计算机只能识别和接受由 0 和 1 组成的指令。计算机能直接识别和接受的二进制代码称为机器指令。机器指令的集合就是该计算机的机器语言，在语言的规则中规定各种指令的表示形式及它的作用。显然，机器语言与人们习惯用的语言差别太大，难学、难写，难记、难检查、难修改、难以推广使用，因此初期只有极少数的计算机专业人员会利用机器语言编写计算机程序。

　　汇编语言　为了克服机器语言的缺点，第二代编程语言——汇编语言很快就被开发出来了。在汇编语言中，引入了大量的助记符来帮助人们编程，然后由汇编编译器将这些助记符转换为机器语言，这个转化的过程称为编译。虽然汇编语言比机器语言简单好记一些，但仍然难以普及，只能由专业人员使用。不同型号计算机的机器语言和汇编语

言是互不通用的，用甲机器的机器语言编写的程序在乙机器上不能使用。机器语言和汇编语言是完全依赖于具体机器特性的，是面向机器的语言。由于它"贴近"计算机，或者说离计算机"很近"，故称为计算机低级语言。

C 语言　有需求就会有市场，有市场就会有研发的动力，以 C 语言为代表的第三代编程语言很快就被开发出来了。第三代编程语言称为高级语言，C++、C#、Java、Delphi、Python 等都属于第三代编程语言。

```c
#include <stdio.h>
int main( )
{
    printf("Hello world!\n");
    return 0;
}
```

从以上程序段中可看出，打印"Hello world!"，C 语言只用了 6 行代码，但汇编语言需要用 20 行代码，而机器语言则需要用上百行代码，无论在开发效率还是代码可读性方面，C 语言都有着极大的优势。大家普遍更喜欢用 C 语言进行编程，而不是用汇编语言或机器语言。

事实上使用 C 语言进行编程，编译器会将 C 语言的代码编译成汇编语言，再由汇编语言的编译器编译为机器语言，通常看到的可执行文件就是机器语言文件，进而让 CPU 理解和执行。

1.2　C 语言的发展及特点

1972 年，贝尔实验室的 D.M.Ritchie 在 B 语言的基础上设计出了 C 语言。后来，又对 C 语言做了多次改进，随着 UNIX 的广泛使用，C 语言也迅速得到了推广。1978 年以后，C 语言版本先后移植到大、中、小、微型机上，已独立于 UNIX 了。自此 C 语言风靡全世界，成为世界上应用最广泛的程序设计高级语言。20 世纪 90 年代初，C 语言在我国得以推广并成为学习和使用人数最多的一种计算机语言。

C 语言问世以后之所以得到迅速推广，是因为它用途广泛、功能强大、使用灵活，既可以用于编写应用软件，又可用于编写系统软件。C 语言主要有下列特点。

1. 语言简洁紧凑，使用灵活方便。C 语言只有 32 个常用关键字，9 种控制语句，程序书写形式自由，主要用小写字母表示。

2. 运算符丰富。C 语言有 34 种运算符，运算类型丰富，表达式类型多样，灵活使

用各种运算符可以实现在其他高级语言中难以实现的运算。

3. 数据类型丰富。C 语言提供的数据类型包括整型、浮点型、字符型、数组类型、指针类型、结构体类型和共用体类型等，尤其是指针类型数据，能实现各种复杂的运算。

4. 具有结构化的控制语句（如 if···else 语句、while 语句、do···while 语句、switch 语句和 for 语句）。C 语言是完全模块化和结构化的语言。用函数作为程序的模块单位，便于实现程序的模块化。

5. 语法限制不太严格，程序设计自由度大。例如，对数组下标越界不进行检查，对变量的类型使用比较灵活。C 语言允许程序员编程有较大的自由度，但是该特点既是优点也是缺点，它要求程序员仔细检查程序，保证其正确性，不能过分依赖编译器。

6. C 语言允许直接访问物理地址，能进行位（bit）操作，能实现汇编语言的大部分功能，可以直接对硬件进行操作。因此 C 语言兼备高级语言和低级语言的许多功能，可用来编写系统软件。C 语言的这种双重性，使它既可作为系统描述语言，又可作为通用的程序设计语言。

7. 用 C 语言编写的程序可移植性好。由于 C 语言的编译系统相当简洁，因此很容易移植到新的系统。

8. C 语言程序生成代码质量高，程序执行效率高。

1.3 Dev-C++介绍

Dev-C++是一个非常实用的开发工具，多款著名软件均是使用它开发的，它在 C 语言的基础上增强了逻辑性。它既可以运行 C 源程序，也可运行 C++源程序，区别在于源程序的扩展名不同，若要运行 C 源程序，需将文件保存为.c 格式。

Dev-C++是在 Windows 环境下适合初学者使用的轻量级 C/C++集成开发环境（IDE）。它是一款很容易获取的免费自由软件，遵守 GPL 许可协议分发源代码。它集合了 MinGW 中的 GCC 编译器、GDB 调试器和 AStyle 格式整理器等众多自由软件。Dev-C++ 4.9.9.2 可运行在 32 位机上，Dev-C++ 5.10 可运行于 64 位中文版 Windows 7 操作系统。

1. Dev-C++ 5.11 界面

Dev-C++ 5.11 界面如图 1-1 所示，开发环境包括多页面窗口工程编辑器、调试器，在工程编辑器中集合了编辑器、编译器、连接程序和执行程序，提供高亮度语法显示，

以减少编辑错误。

图 1-1　Dev-C++ 5.11 界面

Dev-C++ 5.11 中常见的按钮说明见表 1-1。

表 1-1　常见的按钮说明

按　　钮	功　　能	快　捷　键
	新建	Ctrl+N
	打开	Ctrl+O
	保存	Ctrl+S
	撤销	Ctrl+Z
	重作	Ctrl+Y
	编译	F9
	运行	F10
	编译运行	F11

2. 在 Dev-C++ 5.11 上运行 C 语言程序的基本步骤

（1）新建或打开一个文件。

在 Dev-C++ 5.11 中新建或打开一个文件，使用按钮　或　，或者选择菜单"文件"→"新建"→"源代码"命令，如图 1-2 所示。

图 1-2　Dev-C++ 5.11 新建或打开一个文件

（2）在编辑窗口中输入或修改程序。

```c
#include<stdio.h>
main()
{
    printf("Hello world");
}
```

（3）保存。

在"保存类型"下拉列表框中选择"C source file(*.c)"。

（4）编译。

在消息窗口"编译日志"界面显示编译结果信息，如图 1-3 所示。

图 1-3　显示编译结果信息

（5）运行。

若 C 源程序无编译错误，可单击■按钮运行目标程序，并弹出运行程序结果窗口，如图 1-4 所示。

图 1-4　运行程序结果窗口

观察程序的运行结果，如果与预想的不同，应重新修改源程序，然后单击■按钮编译运行程序。重复上述步骤，直至出现满意的运行结果。

任务实施

本任务我们将初步认识 C 语言的运行环境及运行的基本步骤，并在 C 环境中输出"Hello world！"。

```
#include<stdio.h>
main()
{
    printf("Hello world!");
}
```

运行代码得到结果：

Hello world !

任务总结

本任务清楚了 C 语言的特点、运行环境以及运行步骤，实现了简单语句的输出。

任务拓展　经典编程

请使用快捷键编辑运行输出"这是我的第一个 C 语言程序。"

任务 2
求两个整数之和——C 语言程序的结构

任务描述

求两个整数的和，熟悉 C 语言程序的结构及 C 语言程序运行的方法。

任务分析

熟悉 C 语言程序的结构及 C 语言程序运行的方法。本任务需设置 3 个变量，其中，a 和 b 用来存放两个整数，sum 用来存放两数之和。用赋值运算符"="把相加的结果传送给 sum 并输出。

知识准备

1.4　C 语言程序的结构

C 语言程序的结构有以下几个特点。

（1）一个 C 语言程序是由一个或多个函数组成的，其中必须且只能包含一个 main 函数，但可以包含若干个其他函数。几乎程序的全部工作都是由各个函数分别完成，函数是 C 语言程序的基本单位。使用函数既可以简化程序，又可以提高程序的可读性，实现程序的模块化。

（2）程序总是从 main 函数开始执行。main 函数在程序中的先后位置不影响程序的执行过程。由 main 函数开始调用其他函数，其他函数间也可以相互调用，最终返回 main 函数结束程序。

（3）一个函数由函数首部和函数体两部分组成。函数首部即函数的第 1 行，包括函数名、函数类型、函数参数（形式参数）名、函数参数类型。例如，下列 max 函数的首部为

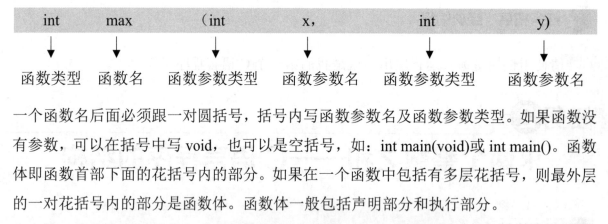

一个函数名后面必须跟一对圆括号，括号内写函数参数名及函数参数类型。如果函数没有参数，可以在括号中写 void，也可以是空括号，如：int main(void)或 int main()。函数体即函数首部下面的花括号内的部分。如果在一个函数中包括有多层花括号，则最外层的一对花括号内的部分是函数体。函数体一般包括声明部分和执行部分。

（4）程序中要求计算机完成的操作是由函数中的 C 语言语句完成的。在每个数据声明和语句的最后必须有一个分号。分号是 C 语言语句的必要组成部分，是不可缺少的。如：

```
c=a+b;
```

（5）C 语言程序书写格式比较自由。一行内可以写几个语句，一个语句可以分写在多行上，但为清晰起见，习惯上每行只写一个语句。

（6）程序应当包含注释。注释行从"//"开始到本行结束，连续若干注释行可以用"/*"开始，并以"*/"结束。注释可以增加程序的可读性，但不影响程序的功能。

1.5 C 语言程序的上机步骤

用 C 语言编写的程序称为源程序，计算机不能直接识别和执行用高级语言写的指令，必须用编译程序（也称编译器）把源程序翻译成二进制形式的目标程序，然后再将

该目标程序与系统的函数库及其他目标程序连接起来，形成可执行的目标程序。在编写好一个源程序后，怎样上机编译和运行呢？

运行一个 C 语言程序的主要步骤是：编辑→编译→连接→运行，其完整步骤如图 1-5 所示。

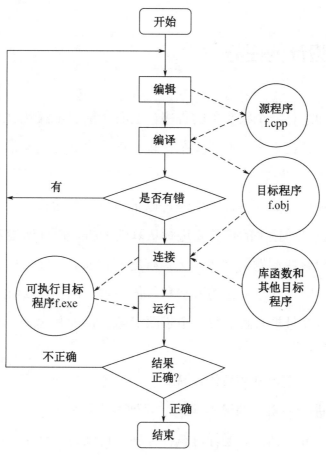

图 1-5　运行 C 语言程序的完整步骤

其中，实线表示操作流程，虚线表示文件的输入输出。例如，编辑后得到一个源程序 f.cpp 文件，然后编译时将源程序 f.cpp 文件输入，经过编译得到目标程序 f.obj 文件，再将所有目标模块输入计算机，与系统提供的库函数等进行连接，得到可执行目标程序 f.exe，并将其输入计算机使之运行，得到结果。

一个程序从编写到运行得到预期结果，不能保证一次就成功，往往要经过多次反复修改。编写好的程序并不一定能保证正确无误，除了用人工方式检查外，还需借助编译系统来检查有无语法错误。如图 1-5 可知，如果在编译过程中发现错误，应当重新检查源程序，找出问题，修改源程序，并重新编译，直到无错为止。有时编译过程未发现错误，能生成可执行目标程序，但是运行的结果不正确。一般情况下，这不是语法方面的错误，而可能是程序逻辑方面的错误，如计算公式不正确、赋值不正确等，应当返回检查源程序，并改正错误。

由于运行每个源程序都需要经过上述步骤，而这些步骤需要通过各种应用程序来实现，这就给开发者带来了不便。目前有许多集成开发环境（IDE）将程序的编辑、编译、连接和运行等操作集成在一个界面上，使用十分方便，如 Dev-C++、Visual Studio 2017、Turbo C 等软件。

1.6 程序设计的任务

如果只是编写和运行一个很简单的程序，上面介绍的步骤就已经足够。但是实际上需要考虑和处理的问题比上面的例子复杂得多。程序设计是指从确定任务到得到结果、写出文档的全过程。

从确定任务到最后完成任务，一般经历以下几个工作阶段。

（1）问题分析。对于接手的任务要进行认真的分析，研究所给定的条件，分析最后应达到的目标，找出解决问题的规律，选择解题的方法。

（2）设计算法。即设计出解题的方法和具体步骤。例如，要解一个方程式，就要选择用什么方法求解，并且把求解的每一个步骤清晰无误地写出来。一般用流程图来表示解题的步骤。

（3）编写程序。根据得到的算法，选择一种高级语言编写源程序。

（4）对源程序进行编辑、编译和连接，得到可执行程序。

（5）运行程序，分析结果。运行可执行程序，得到运行结果。能得到运行结果并不意味着程序正确，要对结果进行分析，看它是否合理。例如，把"b=a;"错写为"a=b;"，程序不存在语法错误，能通过编译，但运行结果显然与预期不符。因此要对程序进行调试（debug）。调试的过程就是通过上机发现和排除程序中故障的过程。经过调试，得到了正确的结果，但是工作不应到此结束。不要只看到某一次结果是正确的，就认为程序没有问题。例如，求 c=b/a，当 a=4，b=2 时，求出 c 的值为 0.5，是正确的，但是当 a=0，b=2 时，就无法求出 c 的值。说明程序只能对某些数据得到正确结果，对另外一些数据却得不到正确结果，即程序还有漏洞，因此，还要对程序进行测试（test）。所谓测试，就是设计多组测试数据，检查程序对不同数据的运行情况，从中尽量发现程序中存在的漏洞，并修正程序，使之能适用于各种情况。作为商品提供使用的程序，是必须经过严格测试的。

（6）编写程序文档。许多程序是提供给用户使用的，如同正式的产品应当配有产品说明书，正式提供给用户使用的程序也必须配有程序说明书（也称为用户文档）。内容

应包括程序名称、程序功能、运行环境、程序的装入和启动、需要输入的数据，以及使用注意事项等。程序文档是软件的一个重要组成部分，软件是计算机程序和程序文档的总称。现在的商品软件下载包中，既包括程序，也包括程序文档，有的程序文档则在程序中以帮助（help）或 readme 形式提供。

任务实施

设置 3 个变量，其中，a 和 b 用来存放两个整数，sum 用来存放两数之和。用赋值运算符"="把相加的结果传送给 sum 并输出。

```c
#include<stdio.h>
main()                          /*求两个整数之和*/
{
    int a,b,sum;                /*这是声明部分，定义a,b,sum为整型变量*/
    a=1;                        /*将1赋给a，从这行开始的4行是C语言语句*/
    b=2;                        /*将2赋给b*/
    sum=a+b;                    /*将a+b的和赋给sum*/
    printf("%d",sum);           /*输出sum的值*/
}
```

任务总结

在本任务中通过综合运用 C 语言程序的结构特点，依据 C 语言程序的运行方法，实现了简单的两个整数求和功能。

任务拓展　经典编程

请查找资料并了解函数的调用功能，求出两个整数中的较大者。

知识拓展　华为的自研操作系统——鸿蒙操作系统

华为的自研操作系统——鸿蒙"现身"，全网欢呼，有网友在社交平台激动地留言："太燃了！华为的新系统叫做鸿蒙。"那么，什么是鸿蒙呢？我们小时候听到的故事开头"自从盘古开天地"，盘古在昆仑山开天辟地之前，世界是一团混沌的元气，这种自然的元气就叫做鸿蒙。因此，在文学作品中把这样一个远古的时代叫做鸿蒙时代。《淮南子·道应训》里讲："西穷窅冥之党，东开鸿蒙之先。"一片茫茫虚空，无尽涯之感，宋

朝诗人范成大说"屋角静突兀，云气低鸿蒙"，鸿蒙的意象有极其悠久的历史，华为把自研的操作系统称为鸿蒙，意味着一片崭新的天地就要诞生了！

项目总结

本项目介绍了编程语言的发展及特点，并通过两个任务实例分析了 C 语言程序的格式、构成和基本要求，最后介绍了 C 语言程序的上机步骤。学习 C 语言应注意以下几个问题。

（1）编写程序应该规范，养成良好的程序设计风格。

（2）C 语言是目前世界上使用较广泛的计算机程序设计语言之一，它效率高、灵活度高、可移植性强、功能强大。

（3）一个 C 语言程序由一个或若干个函数构成，必须且只能包含一个 main 函数。程序从 main 函数开始执行。

（4）函数由函数首部和函数体两部分组成。在函数体内可以包括若干条语句，语句以分号结束，一行内可以写几条语句，一条语句也可以分多行写。

（5）上机运行一个 C 语言程序需经过四个主要步骤：编辑→编译→连接→运行。

达标检测

一、填空题

1．C 语言程序的基本组成单位是＿＿＿＿＿＿＿＿。

2．一个 C 语言程序必须且只能包含一个＿＿＿＿＿＿＿＿。

3．一个 C 语言程序的执行是从＿＿＿＿＿＿＿开始，到＿＿＿＿＿＿＿结束。

4．程序中要求计算机完成的操作是由函数中的 C 语言语句完成的，＿＿＿＿＿＿是 C 语言语句的必要组成部分。

5．上机运行一个 C 语言程序必须经过四个主要步骤：＿＿＿＿→＿＿＿＿→＿＿＿＿→＿＿＿＿。

二、编程题

编写程序，输出以下信息：

```
*  *  *  *  *

*  Dev-C++  *

*  *  *  *  *
```

项目 2

算法与流程图

项目概述

近些年，编程从少数程序员的特有技能逐步向大众的通用技能扩散，大有"全民编程"之势；编程的核心在于算法，编程语言纷繁复杂，高级、中级、低级兼备，但无论使用哪种语言都是绕不开算法的。

在 C 语言中，所谓的算法实际上就是程序设计的思想，这些思想就是 C 语言程序中的各种语句、运算或者指令信息的体现，一般利用流程图将编程中的算法思想通过绘制图形以及流程的形式展示出来。本项目将 C 语言中算法及流程图的相关内容进行详细讲解。

学习目标

【知识目标】了解算法的概念；理解算法的特征；了解算法的优劣。

【技能目标】学会用流程图描绘算法。

【素养目标】培养学生的程序思维，做人做事要遵守规则。

知识框架

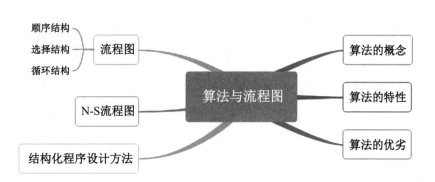

任务 3
循环累加求 100 以内整数和——算法

任务描述

计算 1+2+3+…+100 的和。

任务分析

本任务是将 1～100 共 100 个数逐个相加计算它们的和，如果按照变量赋值的方法来实现，显然进行 100 个变量赋值是不合适的。通过使用循环结构，对循环变量进行赋初值后，判断循环变量的值是否超出 100，如果未超出就累加到变量 s 中，这样循环执行循环体后，就得到了想要的结果。

知识准备

著名的计算机科学家尼古拉斯·沃斯曾提出一个公式：数据结构+算法=程序。也就是说，一个完整的程序应该包含数据结构和算法。数据结构就是程序中所使用到的数据的类型及数据的组织形式。

就目前而言，设计一个 C 语言程序不仅需要数据结构和算法，还需要程序的设计方法、一个语言工具和环境。所以一个程序的组成可以表示为：数据结构+算法+程序设计方法+语言工具和环境程序。

2.1 算法的概念

算法可以理解为针对出现的问题所设计的具体步骤以及解决方法。在现实生活中，算法无处不在，当人们遇见一个问题并对这个问题进行思考时，就是在使用算法。

对同一个问题，可以有不同的解题方法和步骤，有的方法只需进行很少的步骤即可解决问题，而有些方法则需要较多的步骤。一般来说，希望采用简单、运算步骤少的方法。因此，为了高效地进行解题，不仅需要保证算法的正确，还要考虑算法的质量，选择合适的算法。

计算机的算法大致可分为以下两类。

（1）数值运算算法。

数值运算算法主要用于求解数值问题，比如求解方程的根、求解函数的值等需要借助数学公式进行计算的问题。

（2）非数值运算算法。

这类算法应用十分广泛，比如图书检索、人事管理、车辆调度，解决该类问题一般需要建立一个过程模型，根据模型制定算法。

2.2　算法的特性

在解决问题时，算法具有以下特性。

1. 有穷性

算法应当包含有限的操作步骤，不能无穷无尽。不论做什么运算，一定要注意所包含的上限问题，也就是说要在有限的操作步骤内解决问题。

2. 确定性

算法中的每个步骤都必须是确定的、十分清晰的，不得具有二义性。若某个操作是含糊的、模棱两可的，其结果可能会出现分歧。

3. 有零个或多个输入

输入是指在执行算法时需要从外界来获取若干必要的初始量等信息。

例如：

```
c=a+b;
```

此时需要用户给定变量 a 和变量 b 的值，以计算变量 c 的值。

又例如：

```
printf ("Hello");
```

此时只是需要输出一段字符串 Hello，不需要用户输入任何数据，此为零输入。

4. 有一个或多个输出

算法的最终目的是求解，通过输出的方式将求出的结果显示出来。若一个程序在执行结束后没有返回任何信息，那么此程序就没有执行的价值。

5. 有效性

算法在执行时，每一个步骤必须都能够有效地执行，并且得到确定的结果。

例如：

```
int a=2,b=0;
c=a/b;
```

此时，"c=a/b" 便为一个无效语句，因为 0 作为分母是没有意义的。

2.3 算法的优劣

正如一个产品的质量可以用好坏来区分，算法也有优劣之分，评判一个算法的优劣性可以从以下几个方面来讲。

1. 正确性

正确性是指算法在制定完成后能否满足具体问题的要求，即针对任何合法的输入，该算法都能够得出合理正确的结果。

2. 可读性

算法在制定完成后，该算法被理解的难易程度即为可读性。可读性对于一个算法来说十分重要，若是一个算法令人难以理解，即可读性差，那么这个算法就得不到推广也不便于开发人员进行交流，对于算法的修改、维护及拓展都十分不利。因此制定算法时，需要尽量将算法写得通俗易懂，简单明了。

3. 健壮性

在运行同一个程序时，不同用户对其理解也会不同，开发人员不能够确保每一个用户都按照要求进行输入。健壮性是指当用户输入的数据不符合规范要求时，该算法能够做出相应的判断，不会因为输入了错误的数据而造成程序的崩溃瘫痪。

4. 时间复杂度与空间复杂度

时间复杂度是指算法在运行的过程中所消耗的时间。影响算法的时间复杂度主要有以下几个因素。

（1）问题的规模大小。例如，求解 10 以内自然数之和与求解 1000 以内自然数之和所花费的时间是不同的。

（2）源程序的编译功能强弱以及经过编译所产生的机器代码质量的优劣。

（3）根据计算机的系统硬件所决定的机器执行一条目标指令所需要的时间。

（4）程序中语句所执行的次数。

（5）使用不同的计算机语言所实现的效率。

时间复杂度在一个非常小的程序中可能很难体现出来，但是在一个特别大的程序中就会发现其运行的过程中，时间复杂度是举足轻重的。所以说编写出一个更为高效的算法是开发人员不断改进的目标。

空间复杂度是指算法在运行的过程中所需要的内存空间的大小。一个算法在计算机的内存中所占用的存储空间包含了算法本身所占的内存空间、算法在对数据输入输出时所占用的内存空间以及算法在运行的过程中所占用的临时存储空间。就目前而言，计算机存储发展日新月异，对于空间复杂度的考虑已经不再那么迫切了，但编程时开发人员也是需要格外注意。

📋 任务实施

在计算机科学中，算法是指用计算机解决指定问题的过程。计算 1+2+3+…+100 的算法可表示为：

步骤 1：0→s；

步骤 2：1→i；

步骤 3：s+i→s；

步骤 4：i+1→i；

步骤 5：如果 i≤100，转到步骤 3；否则，结束。

在上面的算法中，字母 s 和 i 表示变量，符号"→"表示给变量赋值。步骤 1 和步骤 2 表示给变量 s 和 i 分别赋初值 0 和 1。步骤 3 将变量 i 的当前值累加到变量 s 中。步骤 4 使变量 i 的值在现有基础上增加 1。步骤 5 判断 i 的值如果小于等于 100，重复做步骤 3 和步骤 4，构成一个循环；而当 i 的值大于 100 时，循环结束，这时，变量 s 的值就是要求的计算结果。

本次任务描述了整个计算过程中算法的实现，下面就将算法以程序的形式录入计算机，以此来验证算法的正确性。

```
#include<stdio.h>
main()
{
```

```
        int i,s=0;
        for(i=1;i<=100;i++)
            s+=i;
        printf("s=%d",s);
    }
```

程序运行结果，如图 2-1 所示。

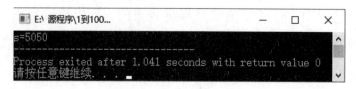

图 2-1　程序运行结果

任务总结

本任务主要学习算法究竟是什么，算法具有的特性及算法优劣的评价等知识，通过 1 到 100 的累加求和来分析算法是如何设计的，通过程序来验证算法。

任务拓展　经典编程

计算 100 以内自然数的偶数和或奇数和，应该使用怎样的算法？

任务④
判断连续年份是否为闰年——流程图绘制

任务描述

寻找 2000～2500 年中哪一年为闰年，并输出结果。

任务分析

先分析什么是闰年。

（1）能被 4 整除，但不能被 100 整除的年份是闰年，如 2008 年、2012 年、2048 年是闰年。

（2）能被 400 整除的年份是闰年，如 2000 年是闰年。

不符合以上任一条件的年份不是闰年。例如 2009 年、2100 年不是闰年。

因此采用外循环内判断的方法来绘制流程图，这样设计程序时思路更清晰。

知识准备

表示一个算法，可以用不同的方法。常用的表示方法有：自然语言、传统流程图和 N-S 流程图等。

2.4　用自然语言表示算法

任务 3 的任务实施中，其算法是用自然语言来表示的，自然语言就是人们日常使用的语言，可以是汉语、英语或其他语言。用自然语言表示算法时通俗易懂，但文字冗长，容易出现歧义。自然语言表示的含义往往不太严格，要根据上下文才能判断其正确含义。例如"张先生对李先生说他的孩子考上了大学"，请问是张先生的孩子考上大学还是李先生的孩子考上大学呢？仅从这句话本身难以判断。此外，用自然语言来描述包含分支和循环的算法不方便。因此，除了那些很简单的问题，一般不用自然语言表示算法。

2.5　用流程图表示算法

使用流程图可以将算法以图形的形式清晰地绘制出来，流程图是使用一些简单的几何图形以及流程线来表示算法中的各种操作和语句，流程图的基本元素如图 2-2 所示。

| 起止框 | 输入输出框 | 判断框 | 处理框 | 流程线 |

图 2-2　流程图的基本元素

1. 流程图的组成

一个流程图包括以下几个部分。

（1）表示相应操作的框。

（2）带箭头的流程线。

（3）框内外必要的文字说明。

注意：流程线不要忘记画箭头，因为它反映流程的先后顺序，如果不画出箭头就难

以判定各框的执行次序。

2. 流程图的优点

使用流程图表示算法，具有以下优点。

（1）结构清晰，逻辑性强。

（2）易于理解，画法简单。

（3）便于描述，形式规范。

3. 流程图的3种基本结构

1966年，Bohra 和 Jacopini 提出了以下3种基本结构，用这3种基本结构作为表示一个良好算法的基本单元。

（1）顺序结构。顺序结构是程序代码中最基本的结构，它属于一种线性结构，顺序结构的代码在执行的时候是按照语句的先后顺序逐条执行的，也就是从上至下、一条一条执行，不会漏过任何语句或者代码。如图2-3所示，虚线框内是一个顺序结构，其中A和B两个框是顺序执行的；即在执行完A框所指定的操作后，接着执行B框所指定的操作。

（2）选择结构。选择结构又称为分支结构，如图2-4所示，通过判断某个条件表达式的结果成立与否，来执行相应的操作。

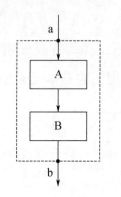

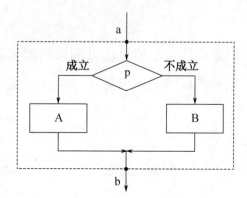

图 2-3　顺序结构流程图　　　　图 2-4　选择结构流程图

选择结构必包含一个判断框，先进行条件 p 判断，通过返回的判断结果来选择接下来的执行语句，若条件 p 成立，则执行语句 A，若条件 p 不成立，则执行语句 B。

注意：无论条件 p 是否成立，只能执行 A 框或 B 框之一，不可能既执行 A 框又执行 B 框，无论走哪一条路径，在执行完 A 框或 B 框之后，都经过 b 点，然后脱离本选择结构。A 或 B 两个框中可以有一个是空的，即不执行任何操作。

（3）循环结构。循环结构又称重复结构，即反复执行某一部分的操作，循环结构有两类。

① 当型循环结构。当型循环结构如图 2-5 所示，它的作用是：当给定的条件 p1 成立时，执行 A 框操作，执行完 A 框后，再判断条件 p1 是否成立，如果仍然成立，再执行 A 框，如此反复执行 A 框，直到条件 p1 不成立为止，此时不执行 A 框，而从 b 点脱离循环结构。

② 直到型循环结构。直到型循环结构如图 2-6 所示，它的作用是：先执行 A 框，然后判断给定的条件 p2 是否成立，如果条件 p2 成立，则再执行 A 框，然后再对条件 p2 做判断，如果条件 p2 仍然成立，又执行 A 框……如此反复执行 A 框，直到给定的条件 p2 不成立为止，此时不执行 A 框，而从 b 点脱离本循环结构。

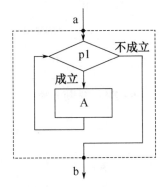 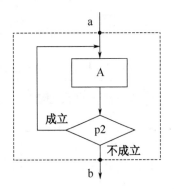

图 2-5　当型循环结构流程图　　　图 2-6　直到型循环结构流程图

同一个问题既可以用当型循环结构来处理，又可以用直到型循环结构来处理。

以上 3 种基本结构，有以下共同特点。

（1）只有一个入口。图 2-3～图 2-6 中的 a 点为入口点。

（2）只有一个出口。图 2-3～图 2-6 中的 b 点为出口点。

注意：一个判断框有两个出口，而一个选择结构只有一个出口。不要将判断框的出口和选择结构的出口混淆。

（3）结构内的每一部分都有机会被执行到。也就是说，对每一个框来说，都应当有一条从入口到出口的路径通过它。

（4）结构内不存在"死循环"（无终止的循环）。

2.6　用 N-S 流程图表示算法

1973 年，美国学者 I.Nassi 和 B.Shneiderman 提出了一种新的流程图形式，在这种流程图中，完全去掉了带箭头的流程线，将全部算法写在一个矩形框内，在该框内还可以包含其他从属于它的框，或者说，由一些基本的框组成一个大的框，这种流程图又称

N-S 结构化流程图（N 和 S 是两位美国学者的英文姓氏的首字母），简称为 N-S 流程图。

N-S 流程图用以下的流程图符号表示 3 种结构。

（1）顺序结构。顺序结构用图 2-7 表示，A 和 B 两个框组成一个顺序结构。

（2）选择结构。选择结构用图 2-8 表示，它与图 2-4 所表示的意思是相同的。当条件 p 成立时执行语句 A，P 不成立则执行语句 B。

（3）循环结构。当型循环结构用图 2-9 表示，当条件 p1 成立时反复执行语句 A，直到条件 p1 不成立为止；直到型循环结构如图 2-10 所示，在条件 p1 不成立的情况下反复执行语句 A，直到条件 p1 成立为止。

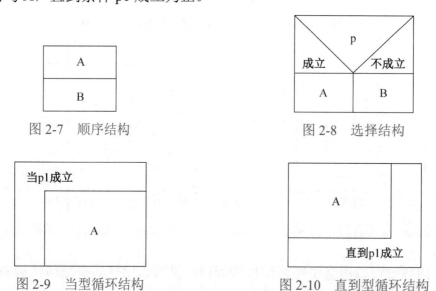

图 2-7　顺序结构　　　　　　　　图 2-8　选择结构

图 2-9　当型循环结构　　　　　图 2-10　直到型循环结构

用以上 3 种 N-S 流程图中的基本框可以组成复杂的 N-S 流程图，以表示算法。

N-S 流程图比文字描述直观、形象、易于理解；比传统流程图紧凑易画，尤其是它废除了流程线，整个算法结构是由各个基本结构按顺序组成，N-S 流程图中的上下顺序就是执行的顺序，也就是先执行图中位置在上面的语句，后执行位置在下面的语句。写算法和看算法只需按照从上到下的顺序进行就可以了，十分方便。

2.7　结构化程序设计方法

一个结构化程序就是用计算机语言表示的结构化算法，用 3 种基本结构组成的程序必是结构化的程序。这种程序便于编写、阅读、修改和维护，这就减少了程序的出错率，提高了程序的可靠性，保证了程序的质量。

结构化程序设计强调程序设计风格和程序结构的规范化，怎样才能得到一个结构化的程序呢？当面临一个复杂的问题时，是难以在短时间内写出一个层次分明、结构清晰、算法正确的程序的。结构化程序设计方法的基本思路：把一个复杂问题的求解过程分阶段进行，每个阶段处理的问题难度都控制在人们容易理解和处理的范围内。

具体来说，可采取以下方法设计结构化程序：

（1）自顶向下；

（2）逐步细化；

（3）模块化设计；

（4）结构化编码。

在接受一个任务后应怎样着手进行呢？有两种方法：一种是自顶向下，逐步细化；另一种是自下而上，逐步积累。

设计房屋就是用自顶向下、逐步细化的方法。首先进行整体规划，然后确定建筑方案，再进行各部分的设计，最后进行细节的设计（如门窗、楼道等），而绝不会在没有整体方案之前先设计楼道和功能间。完成设计且有了图纸后，在施工阶段则是自下而上实施的，用一砖一瓦先实现一个局部，然后由各部分组成一个完整建筑物。

在程序设计中常采用模块设计的方法，尤其当程序比较复杂时更有必要。在拿到一个程序模块后根据程序模块的功能将它划分为若干个子模块，如果这些子模块的规模还大，可以再划分为更小的模块。这个过程采用自顶向下的方法来实现。在 C 语言中程序的子模块通常用函数来实现。模块化设计的思想实际上是一种"分而治之"的思想，把一个大任务分为若干个小任务，每一个小任务就相对简单了。

在设计好一个结构化的算法后，还要善于进行结构化编码。所谓编码就是将已设计好的算法用计算机语言来表示，即根据已经细化的算法正确地写出计算机程序。

任务实施

设 year 为被检测的年份。检测是否为闰年的算法可表示为：

S1：2000→year；

S2：若 year 不能被 4 整除，则输出 year 的值和"不是闰年"。然后转到 S6，检查下一个年份；

S3：若 year 能被 4 整除但不能被 100 整除，则输出 year 的值和"是闰年"，然后转到 S6；

S4：若 year 能被 400 整除，则输出 year 的值和"是闰年"，然后转到 S6；

S5：输出 year 的值和"不是闰年"；

S6：year+1→year；

S7：当 year≤2500 时，转 S2 继续执行，否则算法停止。

在这个算法中，采取了多次判断；先判断 year 能否被 4 整除，若不能，则 year 必然不是闰年。若 year 能被 4 整除，并不能马上判断它是否为闰年，还要检查其能否被 100 整除。如不能被 100 整除，则肯定是闰年（例如 2008 年）。如能被 100 整除，还不能判断它是否为闰年，还要检查其能否被 400 整除，如果能被 400 整除，则是闰年，否则不是闰年。

根据以上分析，依据判定条件进一步缩小检查判断的范围，直至得到相应的结果。

流程图如图 2-11 所示，用流程图表示算法要比文字描述更为逻辑清晰、易于理解。

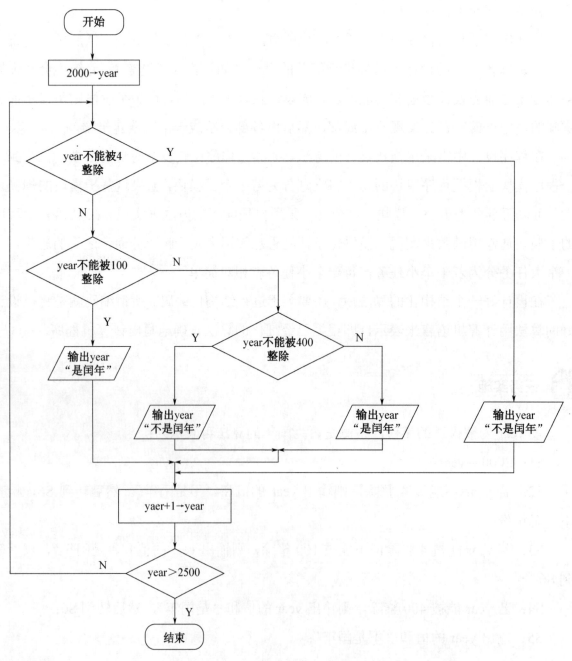

图 2-11　判断 2000～2500 年中的每一年是否为闰年的流程图

任务总结

在本次任务中通过分析 2000～2500 年中每一年是否为闰年的自然语言表示算法和流程图表示算法,将步骤进行细化分解后,逐步缩小范围,最终输出结果。

以上任务还可以通过 N-S 流程图的方式来分析,如图 2-12 所示,可以根据习惯选择适合个人思维的流程图来分析算法。

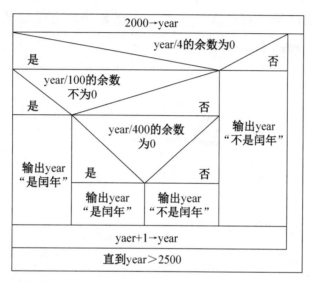

图 2-12 判断 2000～2500 年的每一年是否为闰年的 N-S 流程图

任务拓展 经典编程

绘制以下两个任务的流程图:

1. 求方程式 $ax^2+bx+c=0$ 的根,分别考虑:

(1)有两个不等的实根;

(2)有两个相等的实根。

2. 依次输入 10 个数后,输出其中最大的数。

项目总结

本项目介绍了算法与流程图,并通过两个任务实例分析了 C 语言中所谓的算法实际上就是程序设计的主要思想,这些思想就是 C 语言程序中的各种语句、运算或者指令信息的体现。而流程图则是将编程中的算法思想通过绘制图形以及流程的形式展示出来。

　　本项目通过两个任务的实现，介绍了算法的基本知识和流程图的基本结构，并通过任务实例分析算法的实现过程，用传统流程图和 N-S 流程图实现复杂算法逐步细化分解；还介绍了结构化程序设计的方法。

　　学习程序设计的目的不只是掌握某一种特定的编程语言，而应当学习程序设计的一般方法。学习语言是为了设计程序，它本身绝不是目的。高级语言有许多种，每种语言也都在不断发展，因此千万不能只拘于一种语言，而应当能举一反三，在需要的时候能灵活地选择编程语言。关键是掌握算法，有了正确的算法，用任何语言进行编程都不是困难的事。

达标检测

一、填空题

1. 算法是针对出现的问题所设计的_____及_____。

2. 计算机中的算法大致可分为_____、_____两类。

3. 时间复杂度是指一个算法在_____所消耗的时间。

4. 流程图的三种基本结构，分别是_____、_____、_____。

5. 结构化程序设计方法，分别是_____、_____、_____、_____。

二、编程题

1. 算法的特性有哪些？

2. 用传统流程图或 N-S 流程图表示以下问题的算法。

（1）有两瓶水，要求将瓶子里盛放的水互换。

（2）有 3 个数 a、b、c，要求按从大到小的顺序输出。

（3）求两个数 m 和 n 的最大公约数。

项目 3

基本数据类型与顺序程序设计

📽 项目概述

数据是具有一定意义的数字、字母、符号和模拟量等的通称，是 C 语言程序处理的对象。学习任何一种计算机语言，都必须了解这种语言所支持的数据类型，在之后的程序设计过程中，对于程序中的每一个数据都应该确定其数据类型。C 语言提供了丰富的运算符和表达式，而这些运算符和表达式又构成了 C 语言语句。C 语言语句是 C 语言程序的基本成分，用它可以描述程序的流程控制，也可以对数据进行处理。有了前两个项目的基础，现在可以学习 C 语言程序设计了，从最简单的顺序结构程序设计开始，以程序设计为主线，把算法和语法有机结合起来，由浅入深，由简单到复杂，自然地、循序渐进地编写程序。

◎ 学习目标

【知识目标】了解 C 语言的数据类型、运算符的用法以及 C 语句和 C 程序结构的组成；掌握三种基本数据类型的定义、用法和运算符的优先级。

【技能目标】能够灵活使用运算符构造表达式，并正确求取表达式的值。

【素养目标】培养学生认真务实的态度。

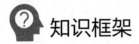

知识框架 ··

任务⑤
庆祝建党100周年——数据的表现形式及其运算

任务描述

建党100周年之际，请编写程序输出以下内容：

庆祝建党100周年！

I love China!

中国人口总数超14.1亿，中国共产党党员总数为0.95148亿名。

任务分析

在本任务中，有整数"100"，有小数"14.1"和"0.95148"，还有英文字符和汉字，可以用常量和变量来表示这些数据，常量和变量是程序中两种基本数据对象。整数可以用整型数据表示，小数可以用浮点型数据表示，英文字符可以用字符型数据表示。变量进行定义后便可使用，最后用printf语句输出。

知识准备

3.1 数据的表现形式及其运算

1. 常量、变量和标识符

（1）常量

在计算机高级语言中，数据有两种表现形式：常量和变量。

在程序运行过程中，其值不能被改变的量称为常量。如任务 5 中的数字 100，字符'C'，小数 14.1，这些都是常量，因为它们仅代表一个具体的值，并且不能改变。

常用的常量有以下几类。

① 整型常量。如 100，0，-25 等都是整型常量。

② 实型常量。有两种表示形式。

● 十进制小数形式，由数字和小数点组成。如 3.14，-2.0 等。

● 指数形式，如 14.1e5，1.5E-7 等。注意：e 或 E 之前必须有数字，且 e 或 E 后面必须为整数。例如，不能写成 e5，2e3.5。

③ 字符常量。有两种形式的字符常量。

● 普通字符，用单撇号括起来的一个字符，如：'c','A','5','!','#'。不能写成'ab'或'12'。请注意：单撇号只是界限符，字符常量只能是一个字符，不包括单撇号。'a'和'A'是不同的字符常量。字符常量存储在计算机存储单元时，并不是存储字符（如 a,z,#等）本身，而是以 ASCII 码存储的，例如字符'a'的 ASCII 码是 97，因此，在存储单元中存放的是 97（以二进制形式存放）。

● 转义字符，除了以上形式的字符常量外，C 语言还允许用一种特殊形式的字符常量，就是以字符"\"开头的字符序列。如"\n"，"\t"，"\b"等。常用的以"\"开头的转义字符及其作用见表 3-1。

表 3-1　转义字符及其作用

转 义 字 符	字 符 值	输 出 结 果
\'	一个单撇号（'）	输出单撇号字符 '
\"	一个双撇号（"）	输出双撇号字符 "
\\	一个反斜线（\）	输出反斜线字符\
\b	退格（backspace）	将光标当前位置后退一个字符
\f	换页	将光标当前位置移到下一页的开头
\n	换行	将光标当前位置移到下一行的开头
\r	回车	将光标当前位置移到本行的开头
\t	水平制表符	将光标当前位置移到下一个 Tab 位置
\v	垂直制表符	将光标当前位置移到下一个垂直制表对齐点
\0	数字 0	表示空字符

表 3.1 中列出的字符称为转义字符，意思是将"\"后面的字符转换成另外的意义。如"\r"中的"r"不代表字母 r 而作为"回车"符。

④ 字符串常量。用双撇号把若干个字符括起来，字符串字符是双撇号中的全部字符，如"CHINA"，但不能写成'CHINA'。单撇号内只能包含一个字符，双撇号内可以包含一个字符串。

⑤ 符号常量。使用之前必须先定义，符号常量的定义格式为：

#define 标识符 常量

如：

```
#define PI 3.1416
#define NAME 中华人民共和国
```

这种用一个符号名代表一个常量的，称为符号常量。像上例中的 PI、NAME 都是符号常量，为了将符号常量和普通的变量名区分开，习惯使用大写字母来命名符号常量，用小写字母来命名变量。

（2）变量

在程序的运行过程中，值可以改变的量称为变量。由于变量是一个存储单元，每个存储单元都有一个地址，即变量名，存放在变量存储单元中的值即变量值，变量值会随着给变量重新赋值而改变。变量像在内存里挖一个"坑"，不仅要给这个"坑"命名，还需要为变量指定"坑位"的大小，即指定该变量即将存放的数据类型。因为不同的数据尺寸不一样，所以如果把每个坑都挖得很大，可以存放任何数据类型，但也会造成浪费；如果把每个坑都挖得很小，可以节约内存，但大号的数据又放不进去。总的来说，变量有三个要素，包含变量名、数据类型和变量值。

变量必须先定义，后使用。在定义时指定该变量的名字和类型。定义变量名必须符合标识符的构成规则。

● C 语言变量名只能由英文字母（A~Z,a~z）、数字（0~9）或下画线（__）组成，不允许有其他特殊字符。下画线通常用于连接一个比较长的变量名，如 Classmate_A。

● 变量名必须以英文字母或者下画线开头，不能用数字开头。

● 字母区分大小写，Student 和 student 是两个不同的变量名；在传统的命名习惯中，用小写字母来命名变量，用大写字母来命名符号常量。

● 变量名最好能"见名知义"，便于记忆且能增加程序的可读性。

● 不能使用关键字来命名变量。

什么是关键字？关键字就是 C 语言内部使用的名字，这些名字都具有特殊的含义。如果把变量命名为这些名字，那么 C 语言就搞不懂你到底想干什么了。

传统的 C 语言有 32 个关键字，见表 3-2。

表 3-2　32 个关键字

关　键　字	关　键　字	关　键　字	关　键　字
auto	double	int	struct
break	else	long	switch
case	enum	register	typedef
char	extern	return	union
const	float	short	unsigned
continue	for	signed	void
default	goto	sizeof	volatile
do	if	static	while

C 语言历史悠久，随着时代的发展，C 语言也在不断地完善，表 3-2 中是最初定义的 32 个关键字。1999 年，ISO 发布了 C99 标准，对 C 语言做了很大的改进。C99 标准增加了 5 个关键字：inline、restrict、Bool、_Complex 和_Imaginary。2011 年，ISO 发布了最新的 C11 标准，C11 标准又增加了 7 个关键字：_Alignas、_Alignof、_Atomic、_Static_assert、Noreturn、_Thread_local 和_Generic。

合法的变量名，如 name_1、_ZSJ、sum、id 等。

不合法的变量名，如#abc、s-1、2total、dir:、a b 等。

（3）标识符

在 C 语言中，标识符是一切的名字。比如，前面提到的符号常量名 PI 是标识符，变量名也是标识符，即将学到的函数、数组、自定义类型的名字都称为标识符。标识符的命名规律与变量的命名规律一致。

2. 数据类型

前面我们将变量比喻为在内存里挖的一个"坑"，数据类型指这个"坑"的尺寸，是对数据分配存储单元的安排，包括存储单元的长度（占多少字节）及数据的存储形式。不同的类型分配不同的长度和存储形式。C 语言的数据类型如图 3-1 所示。

不同类型的数据在内存中占用的存储单元长度不同，例如，char 型（字符型）数据为 1 字节，int 型（基本整型）数据为 4 字节，存储不同类型数据的方法也不同。

本书将结合编程实例介绍怎样使用各种数据类型。本项目及项目四、项目五介绍基本数据类型的应用，项目六介绍数组，项目七介绍函数，项目八介绍指针，项目九介绍

结构体类型、共用体类型和枚举类型。

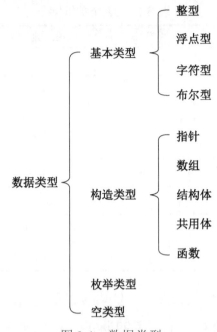

图 3-1　数据类型

C 语言包含了 4 种基本数据类型，如图 3-2 所示。

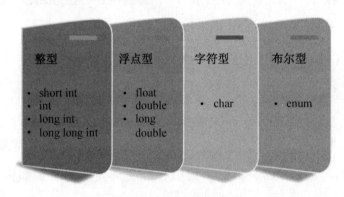

图 3-2　基本的数据类型

3. 整型数据

（1）整型常量。

整型常量是由一系列数字组成的常数，不带小数点。C 语言中的整型常量有 3 种表示形式。

① 十进制整型常量。由正负号和数字 0～9 组成的整数，如 307、–21、0 等。

② 八进制整型常量。由正负号和数字 0～7 组成的整数，并且必须以 0 开头。如 0123 表示八进制数 123，等于十进制数 83，即 $(123)_8=1\times8^2+2\times8^1+3\times8^0=(83)_{10}$

③ 十六进制整型常量。由正负号、数字 0～9 和字符 a～f 组成的整数，并且必须以

0x 开头。其中，a、b、c、d、e、f 分别表示十进制数中的 10、11、12、13、14、15。如 0xd 表示十六进制数 e，它的十进制数为 14。0x14 表示十六进制数 14，它的十进制数为 20，即 $(14)_{16}=1\times16^1+4\times16^0=(20)_{10}$。

为了说明整型常量的 3 种表示方法及其相互关系，请看下面的示例。

```c
#include<stdio.h>
main()
{
    int a=123,b=0123,c=0x123;
    printf("%d,%d,%d\n",a,b,c);
    printf("%o,%o,%o\n",a,b,c);
    printf("%x,%x,%x\n",a,b,c);
}
```

运行结果是：

```
123，83，291
173，123，443
7b，53，123
```

运行结果分析：

分别输出 a、b、c 的十进制、八进制和十六进制的值。相同的数字，在不同的数制中所表示的数字值不一定相等。

（2）整型变量。

整型变量包括基本整型（int）、短整型（short）、长整型（long）、双长整型（long long），它们用以表示不同取值范围的整数，默认为有符号型（signed），若配合 unsigned 关键字，则表示为无符号型，无符号型只表示非负整数，所以它的存储空间也就相应扩大 1 倍。整型变量的字节数和取值范围见表 3-3。

表 3-3　整型变量的字节数和取值范围

类　　型	类型说明符	字　节　数	取　值　范　围
基本整型	int	4	$-2^{31}\sim(2^{31}-1)$
无符号基本整型	unsigned int	4	$0\sim(2^{32}-1)$
短整型	short	2	$-2^{15}\sim(2^{15}-1)$
无符号短整型	unsigned short	2	$0\sim(2^{16}-1)$
长整型	long	4	$-2^{31}\sim(2^{31}-1)$
无符号长整型	unsigned long	4	$0\sim(2^{32}-1)$
双长整型	long long	8	$-2^{63}\sim(2^{63}-1)$
无符号双长整型	unsigned long long	8	$0\sim(2^{64}-1)$

4. 浮点型数据

浮点型数据是用来表示具有小数点的实数。为什么在 C 语言中把实数称为浮点数呢？在 C 语言中，实数是以指数形式存放在存储单元中的。一个实数表示为指数可以有不止一种形式，如 3.14159 可以表示为 3.14159×10^0、0.314159×10^1、0.0314159×10^2、31.4159×10^{-1}、314.159×10^{-2} 等，它们代表同一个值。可以看到：小数点的位置是可以在 314159 几个数字之间、之前或之后（加 0）浮动的，只要在小数点位置浮动的同时改变指数的幂值，就可以保证数据的值不会改变。由于小数点位置可以浮动，所以实数的指数形式称为浮点数。

浮点数类型包括 float（单精度浮点型）、double（双精度浮点型）、long double（长双精度浮点型）。浮点型数据的基本情况见表 3-4。

表 3-4　浮点型数据的基本情况

类　型	类型说明符	字 节 数	取 值 范 围	有 效 数 字
单精度浮点型	float	4	0 以及 $1.2\times10^{-38}\sim3.4\times10^{38}$	6
双精度型	double	8	0 以及 $2.3\times10^{-308}\sim1.7\times10^{308}$	15
长双精度型	long double	8	0 以及 $2.3\times10^{-308}\sim1.7\times10^{308}$	15
		16	0 以及 $3.4\times10^{-4932}\sim1.1\times10^{4932}$	19

浮点型常量。凡以小数形式或指数形式出现的实数均是浮点型常量，在内存中都以指数形式存储。例如，10 是整型常量，10.0 是浮点型常量。那么对浮点型常量是按单精度处理还是按双精度处理呢？C 语言编译系统把浮点型常量都按双精度处理，分配 8 字节。

注意：C 语言程序中的实型常量都作为双精度浮点型常量。

如果有：

```
float a=3.14159;
```

在进行编译时，对 float 变量分配 4 字节，但对于浮点型常量 3.14159，则按双精度处理，分配 8 字节。编译系统会发出"警告"（warning:truncation from 'const double' to'float'），表示把一个双精度常量转换为 float 型，提醒用户注意这种转换可能损失精度。这样的"警告"，一般不会影响程序运行结果的正确性，但会影响程序运行结果的精确度。

可以在常量的末尾加专用字符，强制指定常量的类型。例如，在 3.14159 后面加字母 F 或 f，就表示是 float 型常量，分配 4 字节。如果在实型常量后面加字母 L 或 l，则指定此常量为 long double 型。具体示例如下：

```
float a=3.14159f;          //把此3.14159按单精度浮点常量处理，编译时不出现"警告"
long double a=1.23L;       //把此1.23作为long double型处理
```

5. 字符型数据

由于字符是按其代码（整数）形式存储的，因此把字符型数据作为整型的一种。但是，字符型数据在使用上有自己的特点，在此将其单独列为一节来介绍。

（1）字符与字符代码

并不是任意写一个字符，程序都能识别的。例如，代表圆周率的 π 在程序中是不能被识别的，只能使用系统的字符集中的字符，目前大多数系统采用 ASCII 字符集。

各种字符集（包括 ASCII 字符集）的基本集都包括了 127 个字符。其中包括：

① 字母：大写英文字母 A~Z，小写英文字母 a~z。

② 数字：0～9。

③ 专门符号：29 个。

! " # & ' ( ) * + , 一。/ : ; ＜＝＞? ［ \ ］^ __ ' { | } ～

④ 空格符：空格、水平制表符（tab)、垂直制表符、换行、换页（form feed）。

⑤ 不能显示的字符：空（null）字符（以'\0'表示）、警告（以'\a'表示）、退格（以'\b'表示）、回车（以'\r'表示）等。

详见附录（ASCII 字符表）。这些字符用来学习编程基本够用了。

前面已说明使用时应注意区分大小写，字符是以整数形式（字符的 ASCII 码）存放在内存单元中的。例如：

大写字母 A 的 ASCII 码是十进制数 65，二进制形式为 1000001。

小写字母 a 的 ASCII 码是十进制数 97，二进制形式为 1100001。

（2）字符变量

在 C 语言中，字符变量用类型符 char 来定义，在 printf 函数中使用%c 来输出。char 是英文 character（字符）的缩写，见名即可知义。如：

```
char c='A';
printf("%c= %d\n",c,c);
```

运行结果是：

```
A=65
```

运行结果分析：

定义 c 为字符型变量并赋初值为字符 A。A 的 ASCII 码是 65，系统把整数 65 赋给

变量 c。c 是字符变量，实质上是一个字节的整型变量，由于它常用来存放字符，所以称为字符变量。可以把 0～127 的整数赋给一个字符变量。

说明：用"%d"格式输出十进制整数 63，用"%c"格式输出字符？。

前面介绍了整型变量可以用 signed 和 unsigned 关键字表示符号属性。字符类型也属于整型，也可以用 signed 和 unsigned 关键字。

字符型数据的存储空间和值的范围见表 3-5。

表 3-5 字符型数据的存储空间和值的范围

类　　型	类型说明符	字　节　数	取　值　范　围
有符号字符型	signed char	1	-128～127，即-2^7～（2^7-1）
无符号字符型	unsigned char	1	0～255，即0～（2^8-1）

任务实施

变量在声明之后就可以使用它，先对其赋初值，然后使用格式化输出函数 printf 进行输出。

```c
#include <stdio.h>
main()
{
    int a;
    char b;
    float c;
    double d;
    a=100;
    b='C';
    c=14.1;
    d=0.95148;
    printf("庆祝建党%d周年！\n", a);
    printf("I love %china！\n", b);
    printf("中国人口总数超%.1f亿，中国共产党党员总数为%7.5f亿名。\n", c,d);
}
```

输出结果：

```
庆祝建党100周年!
I love China!
中国人口总数超14.1亿，中国共产党党员总数为0.95148亿名。
```

任务总结

本任务涉及 C 语言中的所有基本数据类型，分别为整型、实型（单精度型和双精度型）、字符型。%d 表示整型数据，%c 表示字符型数据，%f 表示浮点型数据。%f 既可以是单精度浮点型，也可以是双精度浮点型。"%.1f" 表示精度保留小数点后一位，"%7.5f" 表示整个数据所占的总宽度是 7 位，小数点后是 5 位。变量在声明之后可以使用，最后使用格式化输出函数 printf 将不同的数据类型转换为字符串的形式输出。

任务拓展　经典编程

苏炳添在东京奥运会上创造了 9 秒 83 的男子 100 米亚洲纪录，成为第一位闯入奥运会男子百米决赛的中国运动员。请将 9 秒 83 转换为小数并输出（1 秒=1000 毫秒）。

任务 6
计算奥运冠军的总得分——运算符和表达式

任务描述

在第 32 届东京奥运会跳水女子 10 米台项目的决赛中，14 岁的中国选手全红婵 5 跳 3 个满分，夺得金牌，全红婵的 5 跳得分分别是：82.50 分、96.00 分、95.70 分、96.00 分、96.00 分，请编程求出全红婵的跳水总得分。

任务分析

在本任务中，总得分是指 5 跳分数相加的和，首先需要定义 6 个变量，分别用来存放总分（total）和每 1 跳的得分（a、b、c、d、e）。然后用含有加法运算符的算术表达式（a+b+c+d+e）求出 5 次跳水得分的总和，将和赋值给表示总分的变量 total，从而求出全红婵的总得分。

 知识准备

3.2 运算符和表达式

几乎每一个有意义的程序都需要进行运算，运算是在编写程序时对数据的操作，对于最基本的运算形式，常常可以用一些简洁的符号记述，这些符号称为运算符或操作符，被运算的对象（数据）称为运算量或操作数。C 语言中的数据运算主要是通过对表达式的计算完成的。表达式是将运算量用运算符连接起来组成的式子，其中的运算量可以是常量、变量或函数。由于运算量可为不同的类型，每一种数据类型都规定了自己特有的运算或操作，这就形成了对应于不同数据类型的运算符集合。

C 语言运算符非常丰富，见表 3-6。

表 3-6　C 语言运算符

名　称	包含的运算符
算术运算符	+ - * / % ++ --
关系运算符	> < == >= <= !=
逻辑运算符	&& || !
位运算符	<< >> ~ | ∧ &
赋值运算符	=及其扩展赋值运算符
条件运算符	? :
逗号运算符	,
指针运算符	*和&
求字节数运算符	sizeof
强制类型转换运算符	(类型)
成员运算符	. — >
下标运算符	[ ]
其他	函数调用运算符（）

根据参与运算的操作数的个数又可以将运算符分为单目运算符、双目运算符和三目运算符。例如"++"和"!"等是单目运算符，"*"和"&&"等是双目运算符，在 C 语言中有且仅有条件运算符"?:"是三目运算符。

本项目先介绍算术运算符、赋值运算符和逗号运算符，其余的在以后项目中陆续

介绍。

1. 算术运算符

在 C 语言中常用的算术运算符含义及举例见表 3-7。

表 3-7   常用的算术运算符含义及举例

运　算　符	含　　义	举　例	结　　果
+	正号运算符（单目运算符）		
–	负号运算符（单目运算符）		
*	乘法运算符	3*2	6
/	除法运算符	3/2	1
		3.0/2.0	1.5
%	求余运算符	3%2	1
		3.0%2.0	出错
+	加法运算符	3+2	5
–	减法运算符	3-2	1

说明：

（1）因为键盘上没有乘号（×）和除号（÷），所以用星号（*）和斜杠（/）代替。

（2）除法运算。两个实数相除的结果是双精度实数，如 3.0/2.0=1.5。两个整数相除的结果为整数，舍去小数部分，如 5/3 的结果为 1。但是，如果除数或被除数有一个为负值，则舍入的方向是不固定的。例如，除法运算-5/3，C 编译系统采取"向零取整"的方法，即 5/3=1，-5/3=-1，取整后向零靠拢。

（3）求余运算，也叫取模运算，是求整除运算的余数。%运算符要求参加运算的运算对象即操作数为整数，其运算结果也是整数且符号与被除数符号相同。例如，8%5 的结果为 3，8%（-5）的结果为 3，（-8）%5 的结果为-3，（-8）%（-5）的结果为-3。

（4）除%以外的运算符的操作数都可以是任何算术类型。

2. 自增（++）、自减（--）运算符

自增（++）、自减（--）运算符的作用是使变量的值加 1 或减 1。例如：

++i（--i）表示在使用 i 之前，先使 i 的值加（减）1。

i++（i--）表示在使用 i 之后，使 i 的值加（减）1。

粗略地看，++i 和 i++ 的作用相当于 i=i+1。但 ++i 和 i++ 的不同之处在于：++i 是先

执行 i=i+1，再使用 i 的值；而 i++ 是先使用 i 的值，再执行 i=i+1。如果 i 的原值等于 3，请分析下面的赋值语句：

```
① j=++i;  //i的值先变成4，再赋给j，j的值为4
② j=i++;  //先将i的值3赋给j，j的值为3，然后i变为4
```

又例如：

```
i=3;
printf("%d",++i);
```

输出 4，若改为

```
printf("%d\n",i++);
```

则输出 3。

自增（减）运算符常用于循环语句中，使循环变量自动加 1；也用于指针变量，使指针指向下一个地址。这些将在以后的项目中介绍。

3. 算术表达式和运算符

用算术运算符和括号将运算对象（也称操作数）连接起来的、符合 C 语言语法规则的式子称为 C 算术表达式。运算对象包括常量、变量、函数等。例如，下面是一个合法的 C 算术表达式：

```
a*b/c-1.5+'a'
```

C 语言规定了运算符的优先级（例如先乘除后加减）和结合性。

（1）算术运算符的优先级。优先级由高到低为：括号→函数调用→取负→*、/、% →+、-。在表达式求值时，先按运算符的优先级别顺序执行，如表达式 a-b*c,b 的左侧为减号，右侧为乘号，而乘号优先级高于减号，因此，相当于 a-(b*c)。当出现多重括号时，先执行最内层括号，接着执行外一层括号，最后执行最外层括号。

（2）C 语言规定了各种运算符的结合方向（结合性），算术运算符的结合方向都是"自左至右"（又称左结合性）。如果在一个运算对象两侧的运算符的优先级别相同，如 a-b+c，则按规定的"结合方向"处理，即先左后右。因此 b 先与减号结合，执行 a-b 的运算，再执行加 c 的运算。

4. 赋值运算符

（1）赋值符"＝"就是赋值运算符，它为"右结合"，它的作用是将一个数据赋给一个变量。如 a=3 的作用是执行一次赋值操作（或称赋值运算）。把常量 3 赋给变量 a。也可以将一个表达式的值赋给一个变量。

（2）复合的赋值运算符

在赋值符"＝"前加上其他运算符，可以构成复合的运算符。如果在"＝"前加一个"＋"运算符就成了复合运算符"＋＝"。例如，可以有以下的复合赋值运算：

a+=3 等价于 a=a+3；

x*=y+8 等价于 x=x*(y+8)；

x%=3 等价于 x=x%3。

5. 逗号运算符

逗号运算符优先级最低，用于将多个表达式连接起来。

格式：表达式 1，表达式 2，…，表达式 n；

功能：从左向右计算各个表达式的值，整个逗号表达式的结果是最后一个表达式 n 的值。

例如：

```
#include <stdio.h>
main()
{
    int a,b,c;
    a=(c=0,c+12);
    b=(c=3,c+7);
    printf("a=%d,b=%d,c=%d\n",a,b,c);
}
```

输出结果：

```
a=12,b=10,c=3
```

输出结果分析：

当执行赋值语句"a=(c=0,c+12)；"时，将逗号表达式 c=0,c+12 从左向右运算，得到表达式 c+12 的值为 12，将该值赋予变量 a，因此 a=12。当执行赋值语句为"b=(c=3,c+7)；"时，将逗号表达式 c=3,c+7 从左向右运算，得到表达式 c+7 的值为 10，将该值赋予变量 b，因此 b=10；最后输出"a=12,b=10,c=3"。

📄 **任务实施**

首先定义 6 个变量 total、a、b、c、d、e，分别表示总分和 5 次跳水的成绩。然后利用加法运算符构成的算术表达式求出 5 次跳水得分的和，赋值给总分变量 total，最后

用 printf 语句输出结果。

```
#include <stdio.h>
main()
{ float total,a,b,c,d,e;
  a=82.50;
  b=96.00;
  c=95.70;
  d=96.00;
  e=96.00;
  total=a+b+c+d+e;
  printf("奥运冠军全红婵的总得分为：%.2f分。\n", total );
}
```

运行程序，输出结果：

奥运冠军全红婵的总得分为：466.20分。

任务总结

本任务用算术表达式和赋值运算符完成了计算冠军总分的问题，需要注意运算符的优先级和结合性：算术运算符具有左结合性，赋值运算符具有右结合性。

任务拓展　经典编程

在 32 届奥运会女子铅球比赛中，中国选手巩立娇获得冠军，摘得中国队在本次奥运会获得的第 22 枚金牌。铅球场地的投掷圈平面示意图如图 3-3 所示，根据标准，铅球投掷圈的直径为 2135mm，圆周率为 3.14159，请编程计算铅球投掷圈的周长和面积。

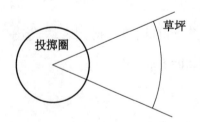

图 3-3　铅球投掷圈平面示意图

任务 7
统计捐赠物资——C 语言语句及输入/输出函数

任务描述

H 地遭遇了大暴雨，引起了社会各界的广泛关注，H 地灾情牵动着全国人民的心，有人奔赴前线救灾，有人捐款捐物。请编程实现，由键盘输入所捐赠的现金和物资（物资统一用等价的现金数值计），输出共捐赠的现金数、物资数和物资总数。

任务分析

本任务的基本思路是输入所捐赠的现金和物资，需要使用 scanf 函数输入 money 和 goods 的值，用 printf 函数输出所捐赠的物资总数。

知识准备

3.3　C 语言语句

1. C 语言语句的作用和分类

C 语言语句是 C 语言程序的最基本成分，用它可以描述程序的流程控制，对数据进行处理。它与数据定义部分组成函数，若干函数和编译预处理命令组成 C 源文件。C 语言语句必须由分号 ";" 结尾。

C 语言语句分为以下 5 类。

（1）控制语句。

控制语句用于完成一定的控制功能。C 语言只有 9 种控制语句，它们的形式是：

① if()…else…　　　　（条件语句）

② for()…　　　　　　（循环语句）

③ while()…　　　　　（循环语句）

④ do…while()　　　　（循环语句）

⑤ continue　　　　　（结束本次循环语句）

⑥ break　　　　　　　（中止执行 switch 或循环语句）

⑦ switch　　　　　　　（多分支选择语句）

⑧ return　　　　　　　（从函数返回语句）

⑨ goto　　　　　　　　（转向语句，在结构化程序中基本不用 goto 语句）

上面 9 种语句表示形式中的（）表示括号中是一个"判别条件"，"…"表示内嵌的语句。例如"if()…else…"的具体语句可以写成

```
if(x>y)   z=x;   else z=y;
```

其中，x>y 是一个"判别条件"，"z=x;"和"z=y;"是 C 语言语句，这两个语句是内嵌在 if()…else…语句中的。这个 if()…else…语句的作用是：先判别条件"x>y"是否成立，如果成立，就执行内嵌语句"z=x;"，否则就执行内嵌语句"z=y;"。

（2）函数调用语句。

函数调用语句由一个函数调用加一个分号构成，例如：

```
printf("This is a C statement.");
```

其中 printf("This is a C statement.")是一个函数调用，加一个分号成为一个语句。

（3）表达式语句。

表达式语句由一个表达式加一个分号构成，最典型的是由赋值表达式构成一个赋值语句。例如：

a=3（是一个赋值表达式，不是语句）

a=3;（是一个赋值语句）

可以看到，一个表达式的最后加一个分号就成了一个语句。一个语句必须在最后有一个分号，分号是语句中不可缺少的组成部分，而不是两个语句间的分隔符号。例如：

i=i+1（是表达式，不是语句）

i=i+1;（是语句）

任何表达式都可以加上分号而成为语句，例如：

i++;（是一个语句，作用是使 i 值加 1。）

又例如：

x+y;（也是一个语句，作用是完成 x+y 的操作，它是合法的，但是并不把 x+y 的和赋给另一个变量，所以它并无实际意义。）

表达式能构成语句是 C 语言的一个重要特色。其实"函数调用语句"也属于表达式语句，因为函数调用（如 sin(x)）也属于表达式的一种。只是为了便于理解和使用，才把"函数调用语句"和"表达式语句"分开来说明。

（4）空语句。

下面是一个空语句：

```
;
```

此语句只有一个分号，它什么也不做。那么它有什么用呢？可以用来作为流程的转向点（流程从程序其他地方转到此语句处），也可用来作为循环语句中的循环体（循环体是空语句，表示循环体什么也不做）。

（5）复合语句。

可以用｛｝把多条语句括起来成为复合语句，又称语句块。在程序中应把复合语句看作单条语句，而不是多条语句。例如：

```
{
    a=b+c;
    x=y+z;
    printf("%d%d",a,x);
}
```

复合语句内的各条语句都必须以分号";"结尾，在"}"外不能加分号。复合语句常用在 if 语句或循环中，此时程序需要连续执行一组语句。

注意：复合语句中最后一个语句末尾的分号不能忽略不写。

2. 赋值语句

（1）赋值表达式和赋值语句。

在 C 语言程序中，最常用的语句是：赋值语句和输入输出语句。其中最基本的是赋值语句。赋值语句是在赋值表达式的末尾加一个分号构成。赋值表达式的一般形式为：

变量 赋值运算符 表达式

例如：

```
i=2
a=b+4
```

赋值表达式具有右结合性，赋值表达式中的"表达式"也可以是一个赋值表达式。例如：

```
a=(b=5)
```

括号内的 b=5 是一个赋值表达式，它的值等于 5。执行表达式"a=(b=5)"，就是执行 b=5 和 a=b 两个赋值表达式。因此 a 的值等于 5，整个赋值表达式的值也等于 5。

注意：要区分赋值表达式和赋值语句。

赋值表达式的末尾没有分号，而赋值语句的末尾必须有分号。在一个表达式中可以包含一个或多个赋值表达式，但绝不能包含赋值语句。例如：

```
if((a=b)>0)  max=a;              //是正确的
if((a=b;)>0)  max=a;             //"a=b;"是赋值语句，因此该表达式错误
```

（2）变量赋初值。

从前面的程序中可以看到：可以用赋值语句对变量赋值，也可以在定义变量时对变量赋以初值，这样可以使程序简练。如：

```
int a=3;                         //指定a为整型变量，初值为3
float f=3.56;                    //指定f为浮点型变量，初值为3.56
char c='a';                      //指定c为字符变量，初值为'a'
```

也可以使被定义的变量的一部分赋初值。例如：

```
int a,b,c=5;                     //指定a、b、c为整型变量，但只对c初始化，c的初值为5
```

如果对几个变量赋予同一个初值，应写为：

```
int a=3,b=3,c=3;                 //表示a、b、c的初值都是3
```

不能写为：

```
int a=b=c=3;                     //该语句错误
```

3.4 格式输入/输出函数

从前面的程序可以看到：几乎每一个 C 语言程序都包含输入输出。因为要进行运算，就必须给出数据，而运算的结果当然需要输出，以便人们应用。没有输出的程序是没有意义的。输入输出是程序中的基本操作之一。

需要注意的是：

① C 语言本身不提供输入输出语句，输入和输出操作是由 C 标准函数库中的函数来实现的。其中有 printf（格式输出）、scanf（格式输入）、putchar（输出字符）、getchar（输入字符）、puts（输出字符串）、gets（输入字符串），本节仅介绍前四个最基本的输入输出函数。

② 在程序文件的开头用预处理指令#include 把有关文件放在本程序中。如：

```
#include<stdio.h>
```

1. 用 printf 函数输出数据

（1）printf 函数的一般格式。

printf 函数的一般格式为。

printf（格式控制，输出表列）

例如：

```
printf("%d,%c\n",i,c)
```

括号内包括两部分：

① "格式控制"是用双撇号括起来的一个字符串，称为格式控制字符串，简称格式字符串。它包括两个信息：

格式声明。格式声明由 "%" 和格式字符组成，如%d、%f 等。它的作用是将输出的数据转换为指定的格式后输出。格式声明总是由 "%" 字符开始的。

普通字符。普通字符即需要在输出时原样输出的字符。例如，上面 printf 函数中双撇号内的逗号、空格和换行符，也可以包括其他字符。

② 输出表列是程序需要输出的一些数据，可以是常量、变量或表达式。

下面是 printf 函数的具体例子：

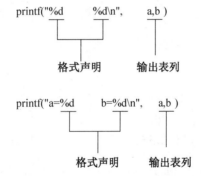

在第 2 个 printf 函数中的双撇号内的字符除了两个 "%d" 以外，还有非格式声明的普通字符（如 a=,b=和\n），它们全部按原样输出。如果 a 和 b 的值分别为 3 和 4，则第 2 个函数的输出结果为

```
a=3   b=4
```

执行 '\n' 使输出控制移到下一行的开头，从显示屏幕上可以看到，此时光标已移到下一行的开头。

（2）格式字符。

格式声明中最重要的内容是格式字符。格式符以 "%" 开头且后面跟一个字母，常用的输出格式字符见表 3-8。

表 3-8 常用的输出格式字符

格 式 字 符	功 能 说 明
%d	按十进制整数形式输出

格 式 字 符	功 能 说 明
%c	按字符形式输出
%s	按字符串形式输出
%o	按八进制整数形式输出
%x	按十六进制整数形式输出
%f(%e)	按浮点形式（或指数形式）输出，默认为 6 位小数
%m.nf	按浮点形式输出，显示宽度不小于 m，小数位数为 n

float 型数据的存储单元只能保证 6 位有效数字。double 型数据的存储单元能保证 15 位有效数字。如：

```
#include<stdio.h>
main()
{
    float a;
    a=10000/3.0;
    printf("%f\n",a);
}
```

运行结果：

```
3333.333252
```

本来计算的理论值应为 3333.333333333…，但由于 float 型数据只能保证 6～7 位有效数字，因此虽然程序输出了 6 位小数，但从左边开始的第 7 位数字（即第 3 位小数）以后的数字并不保证是绝对正确的。

如果将 a 改为 double 型，其他不变，请考虑输出结果如何，可上机试一试。

2. 用 scanf 函数输入数据

（1）scanf 函数的一般形式。

scanf(格式控制，地址表列)

"格式控制"的含义同 printf 函数。"地址表列"是由若干个地址组成的表列，可以是变量的地址或字符串的首地址。

（2）scanf 函数中的格式声明。

与 printf 函数中的格式声明相似，以%开始，以一个格式字符结束，中间可以插入附加的字符。如：

```
scanf("a=%f, b=%f, c=%f", &a, &b, &c);
```

在格式字符串中除有格式声明%f以外，还有一些普通字符（有"a=""b=""c="和", "）。scanf 函数中所用的格式字符和附加字符的用法和 printf 函数中的用法差不多。

（3）使用 scanf 函数时应注意的问题。

① scanf 函数中的格式控制后面应当是变量地址，而不是变量名。例如，若 a 和 b 为整型变量，如果写成：

```
scanf("%f%f%f",a,b,c);
```

这种写法是不对的，应将"a,b,c"改为"&a,&b,&c"。

② 如果在格式控制字符串中除格式声明以外还有其他字符，则在输入数据时在对应的位置上应输入与这些字符相同的字符。如果有：

```
scanf("a=%f,b=%f,c=%f",&a,&b,&c);
```

在输入数据时，应在对应的位置上输入同样的字符。即输入：

```
a=1,b=3,c=2        （注意输入的内容）
```

如果输入：

```
1 3 2
```

就错了。因为系统会把输入内容和 scanf 函数中的格式字符串逐个字符对照检查的，只是在%f 的位置上代以一个浮点数。

注意：在"a=1"的后面应输入一个逗号，它与 scanf 函数中的"格式控制"中的逗号对应。如果输入时不用逗号而用空格或其他字符是不对的。

③ 在用"%c"格式声明输入字符时，空格字符和"转义字符"中的字符都作为有效字符输入。例如：

```
scanf("%c%c%c",&c1,&c2,&c3);
```

在执行此函数时应该连续输入 3 个字符，中间不要有空格。例如：

```
abc              （字符间没有空格）
```

若在两个字符间插入空格就不对了。例如：

```
a b c
```

系统会把第 1 个字符 a 送给 c1；第 2 个字符是空格字符，送给 c2；第 3 个字符 b 送给 c3。而不是把 a 送给 c1，b 送给 c2，c 送给 c3。

提示：输入数值时，在两个数值之间需要插入空格（或其他分隔符），以使系统能区分两个数值。在连续输入字符时，在两个字符之间不要插入空格或其他分隔符（除非

在 scanf 函数中的格式字符串中有普通字符，这时在输入数据时要在对应位置插入这些字符），系统能区分两个字符。

④ 在输入数值数据时，如输入空格键、回车键、Tab 键或遇非法字符（不属于数值的字符），则认为该数据结束。例如：

```
scanf("%d%c%f",&a,&.b,&c);
```

若输入：

```
1234 m 123o.26
  ↓   ↓   ↓
  a   b   c
```

第 1 个数据对应%d 格式，在输入 1234 之后遇字符 m，因此系统认为数值 1234 后已没有数字了，第 1 个数据应到此结束，就把 1234 送给变量 a。把其后的字符 m 送给字符变量 b，由于 c 只要求输入一个字符，系统判定该字符已输入结束，因此输入字符 m 之后不需要加空格。字符 m 后面的数值应送给变量 c。如果由于疏忽把 1230.26 错打成 123o.26，由于 123 后面出现字母 o，就认为该数值数据到此结束，将 123 送给变量 c，则后面几个字符没有被读入。

3.5　字符输入/输出函数

除可以用 printf 函数和 scanf 函数输出和输入字符之外，C 函数库还提供了一些专门用于输入和输出字符的函数。

1. 用 putchar 函数输出一个字符

putchar 函数的一般形式为：

putchar(c)

其中，参数 c 可以是字符常量、整型常量、字符变量或整型变量（其值在字符的 ASCII 码范围内），putchar(c)的作用是输出字符变量 c 对应的字符。

例如：输出 LOVE 四个字符

```
#include<stdio.h>
main()
{
    char a='L',b='O',c='V',d='E';           //定义4个字符变量并初始化
    putchar(a);                             //输出字符L
    putchar(b);                             //输出字符O
```

```
        putchar(c);                          //输出字符V
        putchar(d);                          //输出字符E
        putchar('\n');                       //输出一个换行符
    }
```

运行结果：

LOVE

连续输出 L、O、V、E 四个字符，然后换行。

从此例可以看出：用 putchar 函数既可以输出能在显示器上显示的字符，也可以输出控制字符，如 putchar('\n')的作用是输出一个换行符，使输出的当前位置移到下一行的开头。

如果把上面的程序改为以下这段，请思考输出结果。

```
    #include<stdio.h>
    main()
    {
        int a=76,b=79,c=86,d=69;             //定义4个字符变量并初始化
        putchar(a);                          //输出字符L
        putchar(b);                          //输出字符O
        putchar(c);                          //输出字符V
        putchar(d);                          //输出字符E
        putchar('\n');                       //输出一个换行符
    }
```

运行结果：

LOVE

从前面的介绍已知：字符型也属于整型，因此将一个字符赋给字符变量和将字符的 ASCII 码赋给字符变量的作用是完全相同的（但应注意，整型数据的范围为 0～127）。 putchar 函数是输出字符的函数，它输出的是字符而不是整数。76 是字符 L 的 ASCII 码，因此 putchar(76)输出字符 L。其他类似。

可以用 putchar 函数输出转义字符，例如：

putchar('\101')　　（输出字符 A）

putchar('\'')　　　（括号中的\'是转义字符代表单撇号，因此输出单撇号字符）

putchar('\015')　　（八进制数 15 等于十进制数 13，13 是"回车"的 ASCII 码，因此输出回车，不换行，使输出的当前位置移到本行开头）

2. 用 getchar 函数输入一个字符

getchar 函数的功能是接收从键盘上输入的字符。可以用一个变量来接收输入的字符，如：

```
c=getchar( );
```

getchar 函数只能接收一个字符。如果想输入多个字符就要用多个 getchar 函数。如从键盘输入 LOVE 四个字符，然后把它们输出到屏幕。

```
# include<stdio.h>
main()
{
    char a,b,c,d;                    //定义字符变量a,b,c,d
    a=getchar();                     //从键盘输入一个字符，送给字符变量a
    b=getchar();                     //从键盘输入一个字符，送给字符变量b
    c=getchar();                     //从键盘输入一个字符，送给字符变量c
    d=getchar();                     //从键盘输入一个字符，送给字符变量d
    putchar(a);                      //将变量a的值输出
    putchar(b);                      //将变量b的值输出
    putchar(c);                      //将变量c的值输出
    putchar(d);                      //将变量d的值输出
    putchar('\n');                   //换行
}
```

运行结果：

```
LOVE
LOVE
```

注意：在连续输入 LOVE 并按 Enter 键后，字符才被送到计算机中，然后输出 LOVE 四个字符。

说明：在用键盘输入信息时，并不是在键盘上敲一个字符，该字符就立即被送到计算机中。这些字符先暂存在键盘的缓冲器中，只有按了 Enter 键才把这些字符一起输入计算机中，然后按先后顺序分别赋给相应的变量。如果在运行时，每输入一个字符后马上按 Enter 键，会得到什么结果？

运行情况：

```
L
O
L
O
```

输入字符 L 后马上按 Enter 键，再输入字符 O，按 Enter 键。立即会分两行输出 L 和 O。请思考是什么原因？

第 1 行输入的不是一个字符 L，而是两个字符：L 和换行符，其中字符 L 赋给了变量 a，换行符赋给了变量 b。第 2 行接着输入两个字符：O 和换行符，其中字符 O 赋给了变量 c，换行符赋给了变量 d。在用 putchar 函数输出变量 a、b、c、d 的值时，就输出了字符 L，然后输出换行，再输出字符 O，然后输出换行，最后执行 putchar('\n') 实现换行。

📄 任务实施

在本任务中，给捐赠现金和物资的变量赋初值是通过输入语句 scanf("%f,%f", &money,&goods)实现的，通过赋值语句求出捐赠物资总数 total，最后用格式输出函数 printf("%f", total)输出捐赠物资总数。

```c
#include <stdio.h>
main()
 {
    float money,goods,total;
    printf("请输入捐赠的现金数：");
    scanf("%f",&money);
    printf("\n请输入捐赠的物资数：");
    scanf("%f",&goods);
    total=money+goods;
    printf("\n您所捐赠的物资总数为:%f\n", total);
 }
```

如输入 5000000、45000000，则输出结果为：

```
请输入捐赠的现金数: 5000000

请输入捐赠的物资数: 45000000

您所捐赠的物资总数为:50000000.000000

--------------------------------
Process exited after 18.95 seconds with return value 0
请按任意键继续. . .
```

任务总结

本任务用 scanf 函数和 printf 函数，结合算术表达式和赋值语句输出捐赠的物资总数，要注意输入输出函数中格式符及地址表列的区别。

任务拓展　经典编程

请编写程序将"Love"译成密码。密码规律是：用原来的字母后面第 4 个字母代替原来的字母。例如，字母"A"后面第 4 个字母是"E"，则用"E"代替"A"。因此，"Love"应译为"Pszi"。

项目总结

本项目共包含三个任务，内容涵盖了 C 语言的数据类型、运算符、表达式、格式输入输出函数以及字符输入输出函数。

（1）C 语言的基本数据类型有整型、字符型、浮点型，其中浮点型又分为单精度型和双精度型，字符型是一种特殊的整型，可与整数类型通用。数据的表现形式有常量和变量，常量是在程序的运行过程中其值不变的量。变量是在程序的运行过程中其值可以改变的量，变量必须先定义后使用。

（2）C 语言中运算符非常丰富，用运算符和各种类型的数据组成的式子称为表达式，可以实现各种运算功能。本项目学习了算术运算符、自增自减运算符、赋值运算符和逗号运算符。要注意区分表达式和表达式语句，简单来说，末尾有分号的表达式是语句，末尾没有分号的是表达式。要注意运算符的优先级与结合性。

（3）C 语言语句分为五类：控制语句、函数调用语句、表达式语句、复合语句和空语句。

（4）数据的输入输出语句是 C 语言程序中用得最多的语句，而 C 语言程序本身不提供输入输出语句，是在函数库中调用的输入输出函数：getchar、putchar、scanf、printf 等。在程序文件的开头用预处理指令#include 把有关文件放在程序中：#include<stdio.h>。特别注意输入输出格式要求，掌握常用的格式说明符"%d""%x""%f""%c""%s"等。

达标检测

一、填空题

1．C 语言的四种基本数据类型，分别是_____、_____、_____和_____。

2．复合语句应该用一对_____括起来。

3．下面程序段，欲将 25 和 2.5 分别赋给 a 和 b，则正确的输入形式为：_____

_____。

```
int a;
float b;
scanf("a=%d,b=%f",&a,&b);
printf("%d,%o,%x\n",a,a+1,a+2);
```

4．上述程序段中，若 a 为 int 型，且 a=17，执行下列语句后的输出结果是_____。

5．上述程序段中，赋值表达式 a=(b=3*4)的值应为_____。

二、写出下列程序的运行结果

1．
```
#include<stdio.h>
main()
{    int n=7;
     n+=n=n*=n/3;
     printf("n=%d\n",n);
}
```

2．
```
#include<stdio.h>
main()
{    int x,y,z;
     x=y=1;z=2;
     y=x++-1;
     z=--y+1;
printf("x=%d,y=%d,z=%d\n",x,y,z);
}
```

3．
```
#include<stdio.h>
main()
{    char c1,c2;
```

```
c1='a';
c2='b';
printf("字母a的ASCII码为：%d\n字母b的ASCII码为：%d \n",c1,c2);
}
```

4.
```
#include<stdio.h>
main()
{    int r;
     float s;
     r=2;
     s=3.14159*r*r;
     printf("r=%d\n",r);
     printf("s=%f",s);
}
```

5.
```
#include<stdio.h>
main()
{   char c='b';
    int i=98;
    printf("%c,%3c,%d",c,c,c);
    printf("%c,%3c,%d",i,i,i);
}
```

三、编程题

1. 编写程序，已知三角形的三条边长 a、b、c，求三角形面积。三角形面积公式为 area=sqrt(s(s-a)(s-b)(s-c))，其中，s=(a+b+c)/2。

2. 编写程序，求 $ax^2+bx+c=0$ 方程的根。a、b、c 由键盘输入，设 $b^2-4ac>0$。

项目 4

选择结构程序设计

📽 项目概述

在项目二中提到过选择结构是程序设计的三种基本结构之一，在大多数程序中都会包含选择结构，即根据不同的条件选择执行不同的程序段。要表达"不同的条件"，则经常会用到关系运算符、逻辑运算符等。选择结构可以分为两大类：if选择语句和switch多分支语句。

◎ 学习目标

【知识目标】掌握关系表达式、逻辑表达式和条件表达式的使用方法；掌握 if 选择语句的用法；掌握 switch 多分支语句的用法。

【技能目标】能用分支语句实现选择结构程序设计。

【素养目标】培养学生良好的逻辑性，让学生明白"鱼和熊掌不可兼得"的道理。

❓ 知识框架

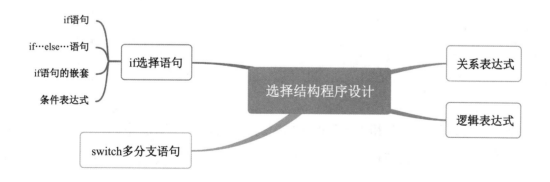

任务 8

'A'比'a'大吗？——关系表达式

任务描述

编写程序，比较 C 语言中字母 A 和字母 a 的大小。

任务分析

在本任务中，要比较两个值的大小需要用到关系运算符。在 C 语言中，所谓关系运算就是进行比较的运算：将两个值进行比较，判断其是否符合给定的条件，若符合，则为真（结果为 1），否则为假（结果为 0）。

知识准备

4.1 关系运算符及其优先级

C 语言中提供了 6 种关系运算符，见表 4-1。

表 4-1　C 语言中的关系运算符

运 算 符	含 义	优 先 级	结 合 方 向
>	大于	6	自左至右
>=	大于或等于	6	自左至右
<	小于	6	自左至右
<=	小于或等于	6	自左至右
==	等于	7	自左至右
!=	不等于	7	自左至右

说明：

（1）">="、"<="、"=="和"!="与数学中对应的运算符写法不同，要注意区分。

（2）关系运算符被分为两种优先级，前四种高于后两种。关系运算符的优先级低于算术运算符，高于赋值运算符。

（3）当相同优先级的关系运算符同时出现时，从左至右进行运算。

4.2　关系表达式

用关系运算符将两个表达式连接起来的式子称为关系表达式。关系表达式的值是一个逻辑值，即"真"和"假"。C语言没有逻辑型数据，以"1"代表"真"，以"0"代表"假"。若有定义语句：a=1,b=2,c=3;则：

a<b 为真，值为 1。

a!=b 为真，值为 1。

a==c>b 为真，值为 1。（参照优先级，先计算 c>b 值为 1，a==1 为真。）

d=c>b>a d 的值为 0。（因为">"运算符是自左至右的结合性，先计算 c>b 值为 1，1>a 得值 0，赋值给 d。）

📃 任务实施

因为关系表达式的值为 0 或 1，所以可以将关系表达式赋值给一个整型变量。在编写程序时要注意字符的书写，如字母 a 要写成'a'，否则就被 C 语言编译系统识别为变量 a。

```
#include <stdio.h>
main()
{int a,b,c;
a='A'>'a';
b='A'=='a';
c='A'<'a';
printf("%d,%d,%d",a,b,c);
}
```

输出结果为 0,0,1。

🖼 任务总结

本任务使用关系表达式验证了字符'A'和'a'的大小，关系表达式可以像本任务中这样赋值给一个变量，也可以作为判断条件单独使用。在使用关系运算符时要注意其与数学中运算符的写法是不同的。

🧠 任务拓展　经典编程

将"知识准备"中的例子在软件中进行验证，更好地理解、掌握关系表达式的使用。

任务 9

闰年的表示——逻辑表达式

📋 任务描述

闰年分为普通闰年和世纪闰年。

（1）普通闰年：年份是 4 的倍数，且不是 100 的倍数。

（2）世纪闰年：年份是 400 的倍数。

请用 C 语言逻辑表达式来表示闰年。

🔍 任务分析

在本任务中，需要用到逻辑表达式。而要将文字描述转化成 C 语言的逻辑表达式，需要先来认识逻辑运算符。

✦ 知识准备

4.3 逻辑运算符及其优先级

C 语言中提供了 3 种逻辑运算符，见表 4-2。

表 4-2 C 语言中的逻辑运算符

运 算 符	含 义	优 先 级	结 合 方 向
&&	逻辑与	11	自左至右
||	逻辑或	12	自左至右
!	逻辑非	2	自右至左

说明：

（1）"&&"和"||"为双目运算符，"!"为单目运算符。

（2）三种逻辑运算符的优先级都不相同，"!"的最高，"&&"的高于"||"的。逻辑运算符的优先级高于赋值运算符。

（3）当相同优先级的逻辑运算符同时出现时，"&&"和"||"是从左至右进行运算，而"!"是从右至左进行运算。

4.4 逻辑表达式

用逻辑运算符连接若干个表达式组成的式子称为逻辑表达式。与关系表达式一样，逻辑表达式的值也是一个逻辑值，即"真"和"假"，以"1"代表"真"，以"0"代表"假"。但在判断一个量是否为"真"时，以"0"代表"假"，以"非0"代表"真"。

1. 求值规则

a&&b：若 a、b 同时为真，则 a&&b 为真，值为 1。

a||b：若 a、b 之一为真，则 a||b 为真，值为 1。

!a：若 a 为真，则!a 为假，值为 0。

看下面的例子：

5>3&&1>2 等价于(5>3)&&(1>2)，值为 0。

1>2||5>3 等价于(1>2)||(5>3)，值为 1。

!2>1 等价于(!2)>1，值为 0。

2. 求值策略

按照求值规则，逻辑与和逻辑或表达式应该从左至右依次计算各表达式的值，但实际上并不一定从左至右运算到底，当表达式的值能够确定的时候运算就应该停止。

（1）a&&b&&c：若 a 为假，则整个表达式为假，就不必判断 b 和 c 的值；若 a 为真，b 为假，则整个表达式也为假，就不必判断 c 的值。

（2）a||b||c：若 a 为真，则整个表达式为真，就不必判断 b 和 c 的值；若 a 为假，b 为真，则整个表达式也为真，就不必判断 c 的值。

📄 **任务实施**

对于普通闰年，需要年份是 4 的倍数且不是 100 的倍数，也就是这两个条件必须同时满足，所以用&&来连接：year%4==0&&year%100!=0；无论是满足普通闰年的条件还是满足世纪闰年的条件的都是闰年，所以这两者之间应该用||来连接：year%4==0&&year%100!=0||year%400==0，为了使表达式更清晰，可以使用小括号：(year%4==

0&&year%100!=0)||(year%400==0)。读者可暂且用下一个任务将要讲到的 if 语句在软件中实现。

```
#include <stdio.h>
main()
{int year;
printf("输入一个年份:");
scanf("%d",&year);
if((year%4==0)&&(year%100!=0)||(year%400==0)) /*if语句判断是否满足条件*/
  printf("%d年是闰年",year);
    else printf("%d年是平年",year); /*如对非闰年不做要求，可省略此句*/
}
```

如输入 2000，则输出：2000 年是闰年

如输入 2021，则输出：2021 年是平年

任务总结

能够将实际问题的文字描述转换成正确的逻辑表达式是本任务的重点，而在逻辑运算中，需要综合运用运算符的优先级、结合性、求值规则及求值策略。

任务拓展　经典编程

1．用逻辑表达式表示 $1<x\leqslant10$。

2．用逻辑表达式表示 x 是 3 或 5 的倍数。

任务⑩

儿童票售票提示——if 选择语句

任务描述

按照《铁路旅客运输规程》规定，随同成人旅行的身高 1.2～1.5 米的儿童，享受半价客票；超过 1.5 米的儿童应买全价票；每一成人旅客可免费携带一名身高不足 1.2 米的儿童。编写程序，根据用户输入的儿童身高给出相应的售票提示。

在本任务中，需要根据用户输入的儿童身高给出对应的提示，这就需要用到选择程序结构了，if 语句就是通过条件判断来实现选择结果的。

知识准备

4.5 if 语句的三种形式

C 语言中提供了 3 种形式的 if 语句，分别介绍如下。

1. if 语句

语句格式：

if(表达式)语句；

执行过程如图 4-1 所示：先判断表达式，如果表达式值为真，则执行表达式后面的语句，否则跳过该语句，执行 if 语句之后的语句。

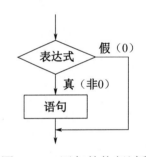

图 4-1 if 语句的执行过程

（1）"表达式"可以为任何类型的表达式：关系表达式、逻辑表达式、算术表达式、赋值表达式等。

（2）if 表达式后边的"语句"，也称 if 的内嵌语句。内嵌语句可以是单条语句，也可以是多条语句。如果是多条语句，要用一对{ }将它们括起来构成一条复合语句。例如：

```
if(a>b)
{t=a; a=b; b=t;}
printf("%d ",a);
```

上面这段程序是输出 a 和 b 中的较小者。其执行过程是：先判断 a>b 是否为真，如果为真，则执行 if 内嵌的复合语句，交换 a 和 b 的值；否则不执行该复合语句，这样就保证了 a 变量中的值较小。

如果将复合语句的{ }去掉，即：

```
if(a>b)
t=a; a=b; b=t;
```

```
        printf("%d ",a);
```

这样 C 编译系统只会将第一条语句 t=a;看作 if 的内嵌语句,这样程序执行结果可能不是所希望的。

2. if…else…语句

语句格式:

if(表达式)

　　语句 1;

else

　　语句 2;

执行过程如图 4-2 所示:先判断表达式,如果表达式为真,则执行语句 1,否则执行语句 2。

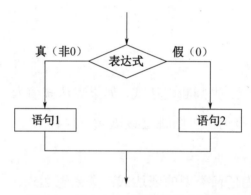

图 4-2　if…else…语句的执行过程

if 表达式后边的"语句 1"部分和 else 后面的"语句 2"部分可以是单条语句,也可以是多条语句。

3. if 语句的嵌套

(1)当实际运用中面临两种以上的选择时,把 if…else 语句稍加扩展就能满足需求。其一般形式为:

　　if(表达式 1)语句 1;
　　else if(表达式 2) 语句 2;
　　　　else if(表达式 3) 语句 3;
　　　　　　　　⋮
　　　　　　else if(表达式 m) 语句 m;
　　　　　　　　else 语句 n;

哪一个表达式的条件得到就执行其后相应的语句,否则执行最后的语句 n。

（2）一条 if 语句中可以包含另一条 if 语句，称为 if 语句的嵌套。在嵌套的 if 语句中，else 与它前面最近的 if 配对，除非用花括号来改变。

格式 1：

if(表达式)
　　　if(表达式)　语句 1;
　　　else　语句 2;

格式 2：

if(表达式)
　　　{if(表达式)　语句 1;}
else　语句 2;

配对关系不同，则程序运行结果就不同，试比较以下两个程序段的运行结果。

程序段 1：

```
if(score>=60)
    if(score<70) printf("Pass!");
    else printf("Good!");
```

程序段 2：

```
if(score>=60)
    {if(score<70) printf("Pass!");}
else printf("Good!");
```

4.6　条件表达式

使用条件表达式可以达到简单的 if…else 的功能，条件运算符是 C 语言中唯一的三目运算符，其一般形式为：

表达式 1？表达式 2:表达式 3

当表达式 1 为真时，整个条件表达式的值等于表达式 2 的值，否则结果为表达式 3 的值。

（1）条件运算符的优先级为 13 级，高于赋值运算符和逗号运算符，但低于其他运算符。例如：

```
max=x>y？x:y;
```

先计算 x>y 是否为真，如果为真，则把 x 的值赋给 max，否则将 y 的值赋给 max。

（2）条件运算符的结合性为右结合性，即自右向左进行计算。例如：

```
max=x>y？x:y>z？y:z;
```

等价于

```
max=x>y？x:(y>z？y:z);
```

任务实施

购买儿童票时的票价有三种可能，而对于用户输入的一个身高，只能选择其中的一种票价，所以本任务使用 if…else 的扩展结构。

```
#include <stdio.h>
main()
{float h;
printf("请输入儿童身高(米):");
scanf("%f",&h);
if(h<1.2)
printf("免票!");
  else if(h<=1.5)
    printf("请购买半价票!");
        else printf("请购买全价票!");
}
```

如输入 1.0，则输出：免票！
如输入 1.6，则输出：请购买全价票！

任务总结

多个 if 结构并列，有执行多个分支的可能性，基本的 if…else 结构及扩展的 if…else 结构只能根据条件执行其中的一个分支，要根据需要进行灵活选用。使用 if…else 的嵌套结构时，要仔细确定好 if 与 else 的配对。

任务拓展　经典编程

1．从键盘输入 3 个数，判断能否构成三角形，如果能，则输出该三角形的形状信息（等边、等腰、任意三种情况），否则输出提示。

2．从键盘上输入 3 个数，按照从大到小的顺序输出。

3．从键盘输入一个字母，判断它是否为大写英文字母，若是，转换成对应的小写字母，否则原样输出（用条件表达式实现）。

任务⑪
打印成绩等级——switch 多分支语句

任务描述

编写程序，当输入学生的考试成绩（百分制）后，输出学生的成绩等级：90 分及以上为优，80～89 分为良，70～79 分为中，60～69 分为及格，60 分以下为不及格。

任务分析

在本任务中，程序面临多重选择，使用 if 嵌套语句可以实现多重选择，但是当嵌套层次过多时，使用 switch 多分支语句更为方便。

知识准备

4.7 switch 多分支语句

switch 语句是用于多个分支选择的语句，写法紧凑，它的一般形式如下：

```
switch(表达式)
{case 常量表达式 1:
     语句序列 1;     [ break; ]
case 常量表达式 2:
     语句序列 2;     [ break; ]
        ⋮
case 常量表达式 n:
     语句序列 n;     [ break; ]
[ default:   语句序列 n+1; ]
}
```

以上格式中，[ ]内的语句是可选的。switch 语句的工作过程是：先计算 switch 括号中表达式的值，如果它与某一 case 后的常量表达式的值相等，则执行这个 case 常量后的语句序列，遇到 break 语句后，跳出 switch 结构，执行 switch 结构后的语句。若表达

式的值与所有 case 后的常量都不相等，则执行 default（如果有）后的语句序列。

（1）如果程序中相匹配的 case 后没有 break 语句，则程序会从当前位置继续往下执行，直到碰到 break 语句或 switch 语句才结束，这也许会引起严重错误。

（2）switch 后面括号中的表达式一般是整型表达式或字符型表达式，case 标号是整型或字符型常量表达式，不能出现变量。

（3）每一个 case 常量表达式的值必须互不相同，否则就会出现互相矛盾的现象（对于表达式的同一个值，有两种或多种执行方案）。

（4）各个 case 和 default 的出现次序可以改变。

任务实施

学生成绩允许有小数，score 定义成 float 型，为了使一个分数段使用一个 case 标号，将 score/10 赋值给 int 型变量 x。100 分和 90～99 分都为优，所以 case 10 和 case 9 共用语句序列。

```c
#include <stdio.h>
main()
{float score;
int x;
printf("请输入成绩：");
scanf("%f",&score);
x=score/10;
switch(x)
{case 10:
    case 9:printf("优\n");break;
    case 8:printf("良\n");break;
    case 7:printf("中\n");break;
    case 6:printf("及格\n");break;
    default:printf("不及格\n");
}
}
```

任务总结

本任务使用 switch 语句实现了五重分支结构，break 语句作用非常关键，使程序能及时跳出 switch 结构。

任务拓展　经典编程

编写一个程序，能够对两个操作数进行基本的四则运算，例如从键盘上输入"3*5"时，输出"15"，当除数为 0 时，输出提示"除数不能为零!"。

项目总结

本项目共包含四个任务，内容涵盖了关系表达式、逻辑表达式、if 选择语句和 switch 多分支语句。if 语句和 switch 语句是实现选择结构的载体，而选择条件的确定通常需要关系表达式和逻辑表达式，条件表达式可以实现简单的选择结构。

（1）关系表达式和逻辑表达式均可用于判断，前者适合对单个条件的简单判断，后者可将多个简单判断联合构成复杂的判断。这两种表达式的值均为"真"或"假"，在 C 语言中使用数值 1 和 0 来表示的。

（2）使用关系表达式和逻辑表达式时要注意与数学上表达方式的不同，多个运算符同时使用时要注意优先级和结合性。

（3）多个 if 结构并列，有执行多个分支的可能性，基本的 if…else…结构及扩展的 if…else…结构只能根据条件执行其中的一个分支，要根据需要灵活选用。if…else…的嵌套结构要仔细确定好 if 与 else 的配对。

（4）当程序面临多重选择时，选用 switch 多分支语句更为方便。

达标检测

一、填空题

1．C 语言中关系运算符有＿＿＿、＿＿＿、＿＿＿、＿＿＿、＿＿＿、＿＿＿，其对应的优先级为＿＿＿、＿＿＿、＿＿＿、＿＿＿、＿＿＿、＿＿＿。

2．C 语言中逻辑运算符有＿＿＿、＿＿＿、＿＿＿，其对应的优先级及结合性为＿＿＿＿、＿＿＿＿、＿＿＿＿。

3．条件运算符的优先级为＿＿＿，其结合性为＿＿＿，条件表达式的一般格式为＿＿＿＿＿＿＿＿＿＿＿。

4. 若 a=1,b=3,c=5，则表达式 a<b&&0 的值为_____，表达式--a||c!=b 的值为_____，表达式 b=a&&a=c 的值为_____，表达式 c>b>a 的值为_____，a<b？b--:c++的值为_____（各表达式在 a、b、c 原值基础上独立计算）。

二、程序结果题

1． main()
   ```
   {int x=1,y=2,z=3;
   if(x>y)
   if(y<z)   printf("%d",++z);
   else printf("%d",++y);
   printf("%d", x++);}
   ```

2． main()
   ```
   {
   int m=5;
   if(m++>5) printf("%d\n",m);
   else printf("%d\n",m++); }
   ```

3． main()
   ```
   {int x=1,a=2,b=3;
   switch(x)
   {case 0:b++;
   case 1:a++;
   case 2:a++,b++; }
   printf("a=%d,b=%d\n",a,b);
   }
   ```

4． #include <stdio.h>
   ```
   main()
   {int x=1,y=1;
   switch(x)
   {case 1:
   switch(y)
       {case 1: printf("Good morning!\n"); break;
       case 2: printf("Good afternoon!\n"); break;
       }
   case 2:printf("Good evening!\n"); }
   }
   ```

5.（1）
```
main()
{int i=1,j=2,k=3;
if(k++&&i++||j++)
printf("%d,%d,%d \n", i,j,k ); }
```

（2）
```
main()
{int i=1,j=2,k=3;
if(j++||k++&&i++)
printf("%d,%d,%d \n", i,j,k ); }
```

三、编程题

1. 从键盘输入一元二次方程 $ax^2+bx+c=0$ 的三个系数，先判断是否有解，有解的话，输出其解。

2. 有如下分段函数，编写程序，输入 x，输出 y 值。

$$y=\begin{cases} x & (x<1) \\ \sqrt{2x-1} & (1\leqslant x<20) \\ 5x+10 & (x\geqslant 20) \end{cases}$$

3. 半径为 5 的圆和边长为 10 的正方形构成的图形如图 4-3 所示。从键盘输入一个点的坐标，判断该点是否在阴影区域内（包括边线）。

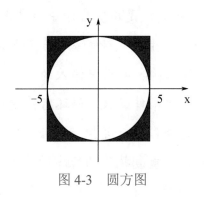

图 4-3　圆方图

4. 输入一个三位数，判断其是否为水仙花数，若输入数据错误，给出提示（水仙花数是一个三位数，其各数位上的数字立方之和等于该数本身，如 $153=1^3+5^3+3^3$）。

项目 **5**

循环结构程序设计

项目概述

　　循环结构是 C 语言程序设计中很常用的程序控制结构，它与顺序结构、选择结构构成三大基本结构。"有规律性的重复"是现实生活中经常出现的现象：如项目四任务 11 中用 switch 语句实现了输出一个学生的成绩等级，而在现实生活中可能需要输出多个学生的成绩等级；达标检测中用 if 结构判断用户输入的一个数是否为水仙花数，而在现实工作中可能需要输出所有满足一定条件的数。循环结构就是来实现这种"有规律性的重复"现象的，其特点是根据给定条件，反复执行某程序段，直到条件不成立时终止。C 语言把给定的条件称为循环条件，重复执行的程序段称为循环体。C 语言提供了 for 语句、while 语句和 do…while 语句对循环进行控制，为了解决更为复杂的问题，还可以将三种循环进行嵌套。有时程序也许不需要完成所有的循环就可以完成任务，这时需要转移控制语句：break 语句和 continue 语句。

学习目标

　　【知识目标】掌握 for 语句、while 语句和 do…while 语句的用法；了解三种循环结构的使用特色，掌握循环嵌套的用法；理解 break 语句和 continue 语句的用法。

　　【技能目标】学会三种循环结构的用法。

　　【素养目标】培养学生由浅入深的思维方式和反复推敲的习惯。

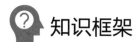

知识框架

任务⑫

求阶乘——for 语句

任务描述

编写程序，求 10!（10!=1*2*3*…*10）。

任务分析

在本任务中，"有规律性的重复"表现为每次在上次乘积的基础上再乘以比上次大 1 的数，所以应该用循环结构来实现。从 1 到 10 共有 10 个数相乘，也就是说循环变量初值、步长增量、循环次数都已确定，所以适合用 for 语句来实现。

知识准备

5.1　for 语句

1. for 语句的一般形式

for 语句是 C 语言中使用最广泛的一种循环控制语句，使用灵活方便，特别适合循环次数已知的情况。for 语句的一般格式为：

for(表达式 1;表达式 2;表达式 3)

    {语句序列;}

说明：

（1）"表达式 1"一般为赋值表达式，为循环变量赋初值。

（2）"表达式 2"一般为关系表达式或逻辑表达式，表示循环条件。

（3）"表达式 3"一般为赋值表达式，表示循环变量的更新。

（4）"语句序列"是需要重复执行的循环体，可以是单条语句，也可以是用一对花括号括起来的复合语句。

for 循环的执行流程如图 5-1 所示。

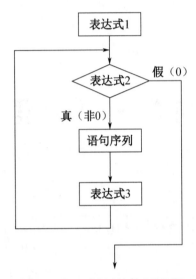

图 5-1　for 循环的执行流程

（1）计算"表达式 1"的值，即对循环变量赋初值。

（2）以"表达式 2"作为循环条件，若结果为真，转到步骤（3）；若结果为假，转到步骤（5）。

（3）执行一次循环体，即"语句序列"。

（4）计算"表达式 3"，即对循环变量进行更新，转到步骤（2）。

（5）结束循环，执行 for 循环之后的语句。

从以上执行流程可知，for 循环先判断条件后执行循环体，因此循环次数可能为 0。

例：以下为计算 1+2+…+10 的程序段，试陈述程序执行过程。

```
sum=0;
for(i=1;i<=10;i++)
sum+=i;
```

2. for 语句的变式

（1）for 语句中的表达式可以部分或全部省略，但两个";"不能省略。例如，刚才

的程序段可以改为如下变式:

变式 1:

```
sum=0,i=1;
for( ;i<=10;i++)
sum+=i;
```

变式 2:

```
sum=0;
for(i=1;i<=10; )
{sum+=i;   i++;}
```

变式 3:

```
sum=0,i=1;
for( ;i<=10; )
{sum+=i;   i++;}
```

如果想省略表达式 2,需要在程序段中借助 break 语句强行退出循环(break 语句将在任务 16 中学习)。

(2) for 语句中的表达式允许出现与循环控制无关的表达式。例如,刚才的程序段可以做如下变式:

```
for(sum=0,i=1;i<=10; sum+=i, i++);
```

for 语句的以上变式虽然在语法上是合法的,但会降低程序的可读性,建议初学者使用 for 语句的一般形式。

📄 任务实施

循环变量 i 初值为 1,步长为 1,所以循环变量更新可以用 i++。变量 t 用来存储阶乘值,初值为 1,这一点要特别注意。如果是存放求和的变量,则初值为 0。

```
#include <stdio.h>
main()
{ int i,t=1;
   for(i=1; i<=10; i++)
   t*=i;
   printf("10!=%d", t);
}
```

输出结果:10!=3628800

任务总结

本任务使用 for 循环计算出了 10!，for 语句特别适合给定循环变量初值、步长增量及循环次数的循环结构。在使用 for 循环实现求和、求积运算时要特别注意给和变量、积变量赋初值的问题。

任务拓展　经典编程

输出所有的水仙花数（水仙花数是一个三位数，其各数位上的数字立方之和等于该数本身，如 $153=1^3+5^3+3^3$）。

任务⑬
求 π 的近似值——while 语句

任务描述

利用以下公式求解 π 的近似值，直到最后一项的绝对值小于 10^{-8}。

$$\frac{\pi}{4} \approx 1-\frac{1}{3}+\frac{1}{5}-\frac{1}{7}+\frac{1}{9}-\cdots$$

任务分析

在本任务中，要用公式求出 π 的值。从公式来看，它满足"有规律的重复"，要使用循环结构，但跟任务 12 不同的是循环次数并不确定，所以要用一种新的循环语句——while 语句。

知识准备

5.2　while 语句

while 语句用来实现"当型"循环结构，其一般格式为：

while(表达式)

　　{语句序列;}

说明：

（1）"表达式"一般为关系表达式或逻辑表达式，表示循环条件，相当于 for 语句中的"表达式 2"。

（2）"语句序列"是需要重复执行的循环体，可以是单条语句，也可以是用一对花括号括起来的复合语句。

（3）循环体内一般要有能够改变表达式值的操作，最终使表达式的值变为 0，否则将形成无休止的死循环；如果没有改变表达式值的操作，也可以在循环体内借助 break 语句强行退出循环（break 语句将在任务 16 中学习）。

while 循环的执行流程如图 5-2 所示。

（1）以"表达式"作为循环条件，若结果为真，转到步骤（2）；若结果为假，转到步骤（4）。

（2）执行一次循环体，即"语句序列"。

（3）返回步骤（1），开始下一轮的循环条件测试。

（4）结束循环，执行 while 循环之后的语句。

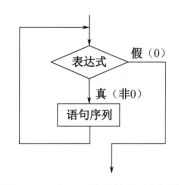

图 5-2　while 循环的执行流程

从以上执行流程可知，while 循环也是先判断条件后执行循环体，因此循环次数可能为 0。

任务实施

对照 for 语句的一般形式，一个循环结构通常包含三部分：给循环变量赋初值、循环条件和循环变量更新。while 循环结构的"给循环变量赋初值"部分通常在 while 语句之前，"循环变量更新"部分通常在循环体内。在本任务中，i=1 语句是为循环变量赋初

值，i+=2 语句完成循环变量更新。变量 t 是为了完成求解 π 公式中加减的变化。

```c
#include <stdio.h>
main()
  { int t=1;
    double pi=0,i=1;
    while(1/i>=1e-8)
       {pi+=1/i*t;
        t=-t;
        i+=2;
        }
    printf("pi=%lf\n", pi*4 );
}
```

运行程序，输出：pi=3.141593

任务总结

本任务用 while 语句完成了循环次数不确定的求解 π 的问题，但并不意味着 while 语句不能应用于循环次数确定的情况。

任务拓展 经典编程

1. 编写程序，用 while 语句求解 10！。

2. 编写程序，从键盘输入一行字符，统计英文字母、数字和其他字符的个数。

任务⑭
计算数字位数——do…while 语句

任务描述

编写程序，从键盘输入一个整数，计算该整数有几位数。

任务分析

本任务的基本思路是将整数反复除以 10，直到商为 0，执行除法的次数就是该数的位数。由于整数至少有一位数，也就是循环体至少要执行一次，所以选用"直到型"循环更合适，即 do…while 语句。

5.3　do…while 语句

do…while 语句用来实现"直到型"循环结构，其一般格式为：

do{

语句序列；

}while(表达式)；

说明：

（1）"表达式"一般为关系表达式或逻辑表达式，表示循环条件，相当于 for 语句中的"表达式 2"。需要特别注意的是"while(表达式);"中的";"不能省略。

（2）"语句序列"是需要重复执行的循环体，循环体无论是单条语句还是复合语句都建议用一对花括号括起来。

（3）循环体内一般要有能够改变表达式值的操作，最终使表达式的值变为 0，否则将形成无休止的死循环；如果没有改变表达式值的操作，也可以在循环体内借助 break 语句强行退出循环（break 语句将在任务 16 中学习）。

do…while 语句执行过程如图 5-3 所示：

（1）执行一次循环体，即"语句序列"。

（2）以"表达式"作为循环条件，若结果为真，转到步骤（1）；若结果为假，转到步骤（3）。

（3）结束循环，执行 do…while 循环之后的语句。

从以上执行流程可知，do…while 循环是先执行循环后体判断条件，因此循环次数大于 0。

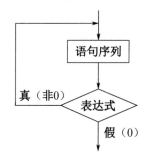

图 5-3　do…while 语句的执行过程

📄 任务实施

本任务中给循环变量赋初值是通过输入语句 scanf("%d",&x); 来实现的，循环条件是 x!=0，也可以简写成 while(x)，循环变量更新在循环体内通过语句 x=x/10 实现。变量 num 用来存放数字的位数要赋初值 0。

```
#include <stdio.h>
```

```
main()
{ int x,num=0;
    printf("请输入一个整数：");
    scanf("%d",&x);
    do{num++;
    x=x/10;
    }while(x!=0);
    printf("有%d位数\n", num);
}
```

如输入 12345，则输出：有 5 位数

任务总结

本任务用 do…while 语句完成了循环体至少循环一次但总循环次数不确定的求解数字位数的问题，要注意不能遗漏条件 while(x!=0);中的";"。

任务拓展　经典编程

1. 输入两个正整数，使用辗转相除法求它们的最大公约数和最小公倍数。（辗转相除法又名欧几里得算法，这条算法基于一个定理：两个正整数 a 和 b，它们的最大公约数等于较大数 a 除以较小数 b 的余数 c 和较小数 b 之间的最大公约数。）

2. 用 do…while 语句完成任务 13 中求解 π 的近似值。

任务 ⑮

统计非正常视力人数——转移控制语句

任务描述

现行推广使用的对数视力表采用 5 分记录法，六岁以上的儿童或成人有 5.0 及以上的视力方为正常视力。编写两个程序，完成以下功能：

（1）输入十个中学生的裸眼视力，判断是否含有非正常视力。

（2）输入十个中学生的裸眼视力，输出其中的非正常视力并统计非正常视力出现的次数。

在本任务中，程序有可能不是完整地执行十次循环，这时需要根据情况在循环结构中加入转移控制语句：break 语句或 continue 语句。

知识准备

5.4 break 语句

在任务 11 中已经介绍过 break 语句可以使程序跳出 switch 结构，转而执行 switch 结构之后的语句。实际上 break 语句的作用不止如此，它还可以用于 for 语句、while 语句及 do…while 语句构成的循环结构中，使程序跳出循环，转移到循环之后的语句。例如，著名的爱因斯坦阶梯问题：有一个长阶梯，若每步上 2 阶，最后剩下 1 阶；若每步上 3 阶，最后剩 2 阶；若每步上 5 阶，最后剩下 4 阶；若每步上 6 阶，最后剩 5 阶；只有每步上 7 阶，最后刚好一阶也不剩，请问该阶梯至少有多少阶？程序代码如下：

```
for(i=7;1;i=i+7)
{ if(i%3==2&&i%5==4&&i%6==5)
  {printf("%d",i);
   break;
  }
}
```

循环条件为"1"，也就是程序中如果没有 break 语句及时跳出循环，这将无限循环，即死循环。因为只要上不封顶，满足条件的阶梯数就有很多，而题目要求找出最少的符合条件的阶梯数。

使用 break 语句有两点需要注意：

（1）break 语句在 switch 结构中，只退出其所在的 switch 结构，而不影响 switch 所在的任何循环或与其嵌套的 switch 结构。

（2）break 语句在嵌套的循环中只能跳出它所在的那层循环，而不能从内层循环直接跳出最外层循环（这一点将在下一任务中体现）。

5.5 continue 语句

continue 语句只能用在循环中，用来提前结束本轮循环，进入下一轮循环。continue

语句与 break 语句的区别是：前者只是提前结束本轮循环进入下一轮循环，也就是不执行本轮循环 continue 之后的语句，并不跳出循环结构，而后者则是直接跳出循环结构。例如：

```
for( i=1;i<=30;i++)
{if(i%3==0)
continue;
printf("%5d",i);
}
```

当 i%3==0 时，也就是 i 是 3 的倍数时，则执行 continue 语句结束本轮循环进入下一轮循环，不执行后面的输出语句。

任务实施

任务的第（1）问中判读非正常视力是否出现，也就是说不管在第几个，只要遇到非正常视力就完成了任务，后续的循环不必再执行，所以使用 break 语句。任务的第（2）问要输出所有的非正常视力，也就是说十个数值都要判断，循环次数不会少；但在每次的循环中如遇正常视力，则不必输出和计数，也就是说有部分语句是不执行的，所以使用 continue 语句。

值得说明的是两个任务中 t 的作用：程序（1）中，t 是一个标志变量，循环前 t=0 代表没有非正常视力，在循环过程中如遇非正常视力，则将 1 赋值给 t；程序（2）中，t 是一个计数变量，循环前 t=0 表示非正常视力的初值为 0，在循环过程中如遇非正常视力，则执行 t++，次数+1。

程序（1）

```
#include <stdio.h>
main()
{ int i,t=0;
    float x;
    printf("请输入十个学生的视力：");
    for(i=1;i<=10;i++)
    {scanf("%f",&x);
    if(x<5.0)
    {t=1;    break;}
    }
    if(t==1)
    printf("有非正常视力\n");
```

```
        else printf("没有非正常视力\n");
    }
```

程序（2）

```
    #include <stdio.h>
    main()
    { int i,t=0;
        float x;
        printf("请输入十个学生的视力：");
        for(i=1;i<=10;i++)
        {scanf("%f",&x);
        if(x>=5.0) continue;
        printf("%5.1f",x);
        t++;}
        printf("\n非正常视力出现%d次\n",t);
    }
```

任务总结

本任务的两个程序分别用 break 语句和 continue 语句实现了循环转移控制：程序（1）中一旦遇到非正常视力便启动 break 语句直接退出循环；程序（2）中遇到正常视力就执行 continue 语句结束本次循环进入下一次循环。

任务拓展　经典编程

编写程序，输入一个整数，判断是否为素数（素数又叫质数，是指除了 1 和它本身外，不能被其他自然数整除的大于 1 的自然数）。

任务 16
输出区间内素数——循环结构的比较与嵌套

任务描述

请在任务 15 中的任务拓展对素数判断的基础上，继续完善程序，输出 100 以内所有的素数，每 8 个一行。

任务分析

完成单个素数判断就已经使用了循环结构，在此基础上输出区间内所有素数就需要循环结构的嵌套了。嵌套之前，先来比较所有的循环结构，以便选择合适的循环嵌套。

知识准备

5.6　循环结构的比较

前面的任务介绍了 for 语句、while 语句及 do…while 语句构成的三种循环结构，通常状况下这三种结构是通用的，但在使用上各有特色。如果在执行循环体之前能够确定循环次数，或者能够确定循环变量的初值、终值和步长，一般选用 for 循环；如果循环次数由循环体执行情况确定，并且循环体有可能一次也不执行，一般选用 while 循环；如果循环次数由循环体执行情况确定，并且循环体至少执行一次，则选用 do…while 循环。

用 while 语句和 do…while 语句处理同一问题时，若循环体部分是一样的，它们的执行结果会有两种情况：如果 while 语句第一次判断条件为真，则两者执行结果相同；否则两者结果不同。请看下面两个程序段，当输入不同的 k 值时，试比较执行完两个程序段后 k 值的不同。

程序段 1：

```
scanf("%d",&k);
while(k<10) ++k;
```

程序段 2：

```
scanf("%d",&k);
do
{ ++k;} while(k<10);
```

5.7　循环结构的嵌套

在解决较为复杂的问题时，循环嵌套是经常使用的。循环嵌套是指在一个循环结构的循环体内部又包含一个完整的循环结构。处于循环体内部的循环结构称为内层循环，

处于循环体外部的循环结构称为外层循环。如果内层循环中再包含其他循环结构，则称为多重循环。

　　根据解决问题的需要及语句的使用特色，for 语句、while 语句和 do…while 语句可以自身嵌套，也可以互相嵌套。为了使层次分明，嵌套循环的书写最好采用缩进形式。以下是打印加法口诀表的程序。

```c
#include <stdio.h>
main()
{int i,j;
  for(i=1;i<=9;i++)
   { for(j=1;j<=i;j++)
        printf("%3d+%d=%-3d",j,i,i+j);
     printf("\n"); /*属于外层循环*/
   }
}
```

程序运行结果，如图 5-4 所示。

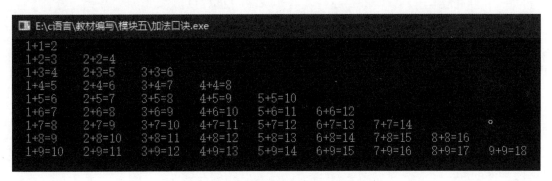

图 5-4　加法口诀程序运行结果

　　因为循环之前就能确定内外循环的次数，所以内外循环都选择了 for 语句。为了便于阅读，内循环向右缩进了两列。下面分析两层嵌套循环的执行过程：外层循环变量 i 初始化为 1，然后执行内层循环，由于内层循环条件是 j≤i，所以内层循环执行一次，输出 "1+1=2"，然后执行外层循环语句 printf("\n");换行；外层循环变量 i 变成 2，内层循环执行两次，输出 "1+2=3　2+2=4"，然后执行外层循环语句 printf("\n");换行；依此类推，外层循环一共执行 9 次。

任务实施

　　判断一个数是否为素数时，需要将该数 n 模除 2～n-1（也可以简化至 2～n/2 或 2～$\sqrt{n}$）内的数，一旦模除得 0，即可跳出循环，所以内循环可以用 for 语句结合 break

语句完成。本任务要求输出 100 以内的素数，区间起始值和终值都确定，所以外循环也选用 for 语句。

```c
#include <stdio.h>
#include <math.h>
main()
{int n,j,t,m, cnt=0;
 for(n=2;n<100;n++)
   {t=1;
    m=sqrt(n);
      for(j=2;j<=m;j++)
         if(n%j==0 ) {t=0;     break;}
    if(t==1)
      {printf("%5d",n);
       cnt++;
       if(cnt%8==0) printf("\n");}
    }
}
```

运行结果：

```
    2     3     5     7    11    13    17    19
   23    29    31    37    41    43    47    53
   59    61    67    71    73    79    83    89
   97
```

任务总结

本任务使用了 for 循环嵌套，其中内层循环使用了 break 语句大大提高了程序运行效率（此处 break 语句只能跳出它所在的内循环，而不能从内层循环直接跳出外循环）。要注意外循环的循环体内不仅有内循环，还有其他语句：如标志变量 t 赋初值及输出、换行等操作。程序较为复杂，一定要注意每对花括号的配对情况。

任务拓展　经典编程

我国古代数学家张丘建在《算经》一书中曾提出著名的"百钱买百鸡"问题，该问题叙述如下：鸡翁一，值钱五；鸡母一，值钱三；鸡雏三，值钱一；百钱买百鸡，则翁、母、雏各几何？请编写程序，输出所有的解。

项目总结

本项目共包含五个任务，内容涵盖了三种循环语句、两种转移控制语句及循环结构的比较与嵌套。

（1）三种循环语句分别是 for 语句、while 语句及 do…while 语句，通常状况下这三种结构是通用的，但在使用上各有特色。如果在执行循环体之前能够确定循环次数，一般选用 for 循环；如果循环次数由循环体执行情况确定，并且循环体有可能一次也不执行，一般选用 while 循环；如果循环次数由循环体执行情况确定，并且循环体至少执行一次，则选用 do…while 循环。

（2）一般情况下，用某种循环语句编写的程序也能用其他的循环语句实现，不管哪一种语句，一般都包含循环变量赋初值、循环条件判断及循环变量更新等要素。

（3）循环嵌套是指在一个循环结构的循环体的内部又包含一个完整的循环结构。三种循环结构可以自身嵌套，也可以互相嵌套，循环层次可以有多重循环。

（4）两种转移控制语句分别是 break 语句和 continue 语句，它们的区别在于 break 语句跳出当前循环结构，而 continue 语句只是提前结束本轮循环进入下一轮循环，并不跳出循环结构。

达标检测

一、填空题

1. C 语言中三种循环语句分别是＿＿＿＿、＿＿＿＿和＿＿＿＿＿。如果循环次数确定，一般选用＿＿＿＿＿。

2. 不管哪一种循环语句，一般都包含＿＿＿＿＿＿＿、＿＿＿＿＿＿＿及＿＿＿＿＿＿＿等要素。

3. C 语言提供了两种转移控制语句，分别是＿＿＿＿和＿＿＿＿＿。

4. break 语句可以用在＿＿＿＿＿，也可以用在＿＿＿＿＿。

5. 在 while 语句和 do…while 语句中 while(x!=0)可以简写为＿＿＿＿＿，while(x==0)可以写为＿＿＿＿＿。

二、程序结果题

1. main()
```
{    int i;
     for(i=1;i<=5;i++)
       if(i%2) printf("&");
       else break;
     printf("#");
}
```

2. #include<stdio.h>
```
main()
{    int a=10;
     while(a--);
     printf("%d\n",a);
}
```

3. main()
```
{    int a=1,b=10;
     do{b-=a;a++;}
     while(b<0);
     printf("a=%d,b=%d\n",a,b);
}
```

4. main()
```
{    int i,j;
     for(i=1;i<=5;i++)
       { for(j=1;j<=5-i;j++)
           printf(" ");
         for(j=1;j<=2*i-1;j++)
           printf("*");
         printf("\n");
       }
}
```

5. main()
```
{   int i=12345,k=1;
      do{
          switch(i%10)
          {case 1:k++; break;
           case 2:k--;
```

```
                case 3:k+=2; break;
                case 4:k=k%2; continue;
                default:k=k/3;
                }
        k++;
                }while(i=i/10);
        printf("k=%d",k);
    }
```

三、编程题

1. 间隔输出小写字母 a～z 的字符，输出格式如 a　c　e…。

2. 从键盘输入一个整数，将其逆序输出，如输入 1234，输出 4321。

3. 输出自 1920 年至 2020 年所有的闰年，每 10 个一行。

4. 编写程序，求 1-3+5…-99 的结果。

5. 编写程序，求满足不等式 $1+1/2+1/3+\cdots+1/n<6$ 时 n 的最大值。

6. 小明到文具店买文具，已知钢笔每支 8 元，签字笔每支 2 元，作文本每本 3 元，他计划把 50 元刚好用完且必须至少买一支钢笔。请编写程序，找出所有可能的购买方案。

7. 请编程统计某个给定范围[m,n]的所有整数中数字 5 出现的次数。如给定范围[40,55]，数字 5 出现了 8 次。

四、拓展题

请大家深入企业调研，了解行业新动向，查阅资料，了解 C 语言的应用领域，以一个具体项目为例，找出该项目中的 bug 并分析原因，形成一份完整实用的调研报告。

项目6

利用数组处理批量数据

项目概述

利用程序解决实际问题通常会涉及大量数据，如项目五任务 15 中统计非正常视力的人数、任务 16 中输出区间素数等。在这些任务中，数据用完直接丢弃，没有被存储起来。其实在现实应用中情况可能更为复杂，有可能数据量更大，数据统计的需求更多。例如统计某个年级学生的视力情况，需要统计每个视力范围内的人数等，这时就十分有必要将大量数据有序存储起来。C 语言定义数组来组织具有相同数据类型的批量数据。

数组是包含互相关联的一组同类型的数据，其中每个数据称为数组的一个元素，一个数组中的所有元素必须是同一种类型。例如，一个区间内的整数可以构成一个整型数组，一个班级学生的视力情况数据可以构成一个实型数组，从键盘输入的一行字符可以构成一个字符数组等。在现实应用中，还可以对数据进行分组。例如一个班级有 5 个小组，每个小组有 6 名学生，这时可以定义二维数组来存储班级小组的视力情况。如果有必要，还可以定义三维数组甚至更多维的数组。从实用性出发，本项目打破数据类型和数组维度的分类依据，从一维数组、二维数组、字符数组 3 个方面来介绍数组的应用。

学习目标

【知识目标】掌握一维数组的定义、引用及初始化方法；掌握二维数组的定义、引用及初始化方法；掌握字符数组的定义、引用及初始化方法。

【技能目标】会使用字符串处理函数，能够根据需要使用一维数组、二维数组及字符数组编写程序。

【素养目标】培养学生的团队精神，要有看齐意识。

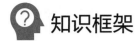 **知识框架** ●●●

任务 ⑰

计算选手得分——一维数组

任务描述

编写程序，计算选手得分（十分制），选手得分为去掉一个最高分和一个最低分之后的平均分。假设有 11 位评委，要求屏幕上先输出各位评委给出的分数，再输出最终得分。

任务分析

本任务如果不使用数组也能实现，但是需要将输入、输出、求最大值最小值、求和在一个循环里同时完成，未免有些烦琐。通过一维数组按照输入→计算→输出的顺序有条不紊地进行，使得编程更加贴合人们的思维习惯，极大提高程序的可读性。

知识准备

6.1　一维数组的定义与引用

1. 一维数组的定义

与前面学习的整型、字符型等变量一样，数组变量也需要先定义后使用。定义一维数组的一般形式如下。

类型　数组名[整型常量表达式];

例如：

```
int a[5];
```

说明：

（1）"类型"为任意合法的数据类型，表示数组元素的数据类型。

（2）"数组名"与变量名一样都是标识符，因此数组名遵循标识符的命名规则。

（3）"整型常量表达式"表示数组元素的个数，其中可以包含常量和符号常量，不能包含变量，也就是说 C 语言不允许对数组进行动态定义。

下面的数组定义是错误的：

```
int n;
scanf("%d",&n);
int a[n];
```

2．一维数组的引用

对于整型、浮点型的数组，C 语言规定只能逐个引用数组元素而不能一次引用整个数组。数组元素的引用格式为：

数组名[整型表达式]

说明：

（1）"整型表达式"为数组元素的下标，C 语言规定数组下标从 0 开始。如刚才定义的 int a[5]一共有 5 个数组元素，分别为 a[0]、a[1]、a[2]、a[3]、a[4]。

（2）此处的"整型表达式"与数组定义时的"整型常量表达式"不同，这里整型表达式中可以含有变量。例如：

```
int a[10],i;
for(i=0;i<10;i++)
    scanf("%d",&a[i]);
```

以上程序段通过循环结构读取键盘上的输入并存到指定数组元素中，对照刚才的说明，解释以下两点。

（1）在 for 语句中，i 的初值从 0 开始到 9 结束，这与项目五中的循环结构有所不同，是因为数组元素的下标从 0 开始。

（2）输入语句中对数组元素的引用 a[i]，其中 i 是变量，这是一种很常用的数组元素引用形式。&a[i]是数组元素 a[i]的存储地址。

3．一维数组的存储

数组被定义后，C 编译系统会在内存中为其分配一段连续的存储空间，按照数组元素的下标依次存储。例如：

```
short a[5];
```

假设系统分配给数组 a 的起始地址是 1000，那么 1000 和 1001 两字节就用于存放 a[0]，依次类推，一维数组 a 存储示意图如图 6-1 所示。

a[0]	a[1]	a[2]	a[3]	a[4]
1000	1002	1004	1006	1008

图 6-1　一维数组 a 存储示意图

每个数组元素占两个字节，整个数组 5 个元素占从 1000 到 1009 共 10 字节。

6.2　一维数组的初始化

数组元素被定义后被分配一段连续的存储空间，但未给数组元素赋值前数组元素没有确定值。若要使用数组中的元素，则必须为数组中的元素进行赋值。赋值的方式有两种：定义数组后，可以使用赋值语句（如"a[3]=5;"）或输入语句分别给各个元素赋值；也可以在定义数组时直接赋值，即数组的初始化。数组初始化时可以给所有元素赋初值，也可以给部分元素赋初值。

（1）给所有元素赋初值。例如：

```
int a[5]={2,5,8,6,9};
```

给所有元素赋初值时，数组长度可省略不写。以上定义可改写为：

int a[]={2,5,8,6,9};

（2）给部分元素赋初值。例如：

```
int a[5]={2,5};
```

此时 a[0]初值为 2，a[1]初值为 5，a[2]、a[3]、a[4]初值为 0。

数组初始化时还有几点需要注意一下：

（1）赋初值时 { }中值的个数不能超过数组的长度。如果初值个数多于数组长度，有些编译器会忽略多余的初值，有些编译器会报错。

（2）如果初值的类型与数组类型不一致，编译系统会把初值类型转换成数组类型再进行赋值。例如：

```
int a[5]={1.5,5,8,6,9};
```

则数组元素 a[0]的初值为 1。

（3）所谓"数组初始化"是指在定义阶段赋值，所以不能在定义数组之后再用初始化的方式赋值。

📄 任务实施

任务描述中指出"假设有 11 位评委"，为了使程序更具普适性，所以可以定义符号常量 N 代表数组长度。如果评委数量有变化，只需修改 define 命令即可。因为数组元素初值要求用户输入，所以数组定义阶段并未初始化。输入完成后，先将 a[0]赋值给 min、max 和 sum，然后再用一个 for 循环完成求最大值、最小值及求和的操作。

```c
#include <stdio.h>
#define N 11
main()
{ int i;
    float min,max,sum,a[N];
    printf("请输入评委给出的分数：\n");
    for(i=0;i<N;i++)
       scanf("%f",&a[i]);
    sum=min=max=a[0];
    for(i=1;i<N;i++)
       {sum+=a[i];
        if(a[i]>max)   max=a[i];
        if(a[i]<min)   min=a[i];
       }
    printf("每位评委给出的分数是：\n");
    for(i=0;i<N;i++)
       printf("%6.2f",a[i]);
    printf("\n去掉一个最高分%6.2f,去掉一个最低分%6.2f,选手最后得分%6.2f",max,min,
(sum-max-min)/(N-2));
    }
```

选手成绩运行结果示例如图 6-2 所示。

图 6-2　选手成绩运行结果示例

任务总结

本任务使用一维数组按照输入→计算→输出的顺序有条不紊地完成了选手成绩的计算。本任务还可以换一种计算最大值、最小值的思路来简化程序：完成输入后，将 0 赋值给 max，将 10 赋值给 min，可以将计算过程和输出每个评委的分数进行合并。

任务拓展　经典编程

输入 10 个数存入一维数组，不借助其他数组将数组元素逆序存放后再输出。

任务 18

打印杨辉三角——二维数组

任务描述

杨辉三角形，又称贾宪三角形，在我国南宋数学家杨辉所著的《详解九章算术》一书中用如图 6-3 所示的三角形解释二项和的乘方规律。请编写程序，输出杨辉三角的前 6 行。

```
          1
        1   1
      1   2   1
    1   3   3   1
  1   4   6   4   1
1   5   10   10   5   1
```

图 6-3　杨辉三角

任务分析

在本任务中，可以用一个二维数组存放杨辉三角形的各个元素值，如图 6-4 所示。同一维数组相比，二维数组像一个矩阵。在本任务中，只需使用矩阵的左下三角即可，空白处是不需要使用的元素。

1					
1	1				
1	2	1			
1	3	3	1		
1	4	6	4	1	
1	5	10	10	5	1

图 6-4　用二维数组存放杨辉三角

知识准备

6.3　二维数组的定义与引用

1. 二维数组的定义

二维数组用于存储矩阵中的各个元素，定义二维数组的一般形式如下。

类型　数组名[整型常量表达式 1][整型常量表达式 2];

例如：

```
int a[3] [4];
```

说明：

（1）关于"类型"和"数组名"的规定与一维数组相同。

（2）"整型常量表达式 1"和"整型常量表达式 2"分别表示数组的行数和列数，表达式中可以包含常量和符号常量，不能包含变量。

2. 二维数组的引用

使用二维数组的一个元素时，需要明确指出行标和列标，二维数组元素的引用格式为：

数组名[整型表达式 1][整型表达式 2]

说明：

（1）"整型表达式 1"和"整型表达式 2"分别代表数组元素的行标和列标，与一维数组对于下标的规定相同，行标和列标都从 0 开始。例如，上定义的 int a[3] [4]一共有 12 个数组元素，从 a[0] [0]、a[0] [1]开始一直到 a[2] [2]、a[2] [3]。

（2）此处的"整型表达式"与数组定义时的"整型常量表达式"不同，这里的整型表达式中可以含有变量。

因为二维数组有两个下标，所以二维数组常结合双重循环使用。例如：

```
int a[5][10],i,j;
for(i=0;i<5;i++)
    for(j=0;j<10;j++)
        scanf("%d",&a[i][j]);
```

以上程序段通过双重循环读取键盘的输入并存到指定数组元素中，对照上述说明，有以下两点解释：

（1）在两个 for 语句中，i 和 j 的初值都从 0 开始，这正是因为二维数组元素的行标和列标都是从 0 开始的。

（2）输入语句中有对数组元素的引用 a[i][j]，这里的 i 和 j 是变量，这是一种很常用的数组元素引用形式。&a[i][j]是数组元素 a[i][j]的存储地址。

3. 二维数组的存储

二维数组可以形象地看作是行和列组成的表，C 语言采用行优先的方式存储二维数组，即先在内存中依次存储第 1 行元素（行标为 0），再存放第 2 行元素（行标为 1），依次类推。例如：

```
int b[3] [3];
```

二维数组 b 存储示意图如图 6-5 所示。

b[0](起始地址 1000)	b[0][0]	b[0][1]	b[0][2]
b[1](起始地址 1012)	b[1][0]	b[1][1]	b[1][2]
b[2](起始地址 1024)	b[2][0]	b[2][1]	b[2][2]

图 6-5　二维数组 b 存储示意图

数组 b 可以看作由 b[0]、b[1]和 b[2]这 3 个一维数组构成，而每个一维数组里又有 3 个元素，如 b[0]数组里有 b[0][0]、b[0][1]和 b[0][2]这 3 个元素。假设系统分配给数组 b 的起始地址是 1000，那么 b[0]、b[1]和 b[2]这 3 个数组的起始地址如图 6-5 所示。

6.4　二维数组的初始化

二维数组的初始化同一维数组一样，可以给所有元素赋初值，也可以给部分元素赋初值。因为二维数组可以看作由多个一维数组构成，所以可以分行赋值，也可以按数组元素排列顺序连续赋值。

1. 分行赋值

（1）全部赋值。例如：

```
int a[3][4]={{1,2,3,4},{5,6,7,8},{9,10,11,12}};
```

这种赋值方法比较直观，把第 1 对花括号内的数据赋值给第 1 行的元素（行标为 0），把第 2 对花括号内的数据赋值给第 2 行的元素（行标为 1），依次类推。分行全部赋值时，可省略第一维长度，但不能省略第二维长度。上述定义可改写为：

```
int a[ ][4]={{1,2,3,4},{5,6,7,8},{9,10,11,12}};
```

（2）部分赋值，未被赋值的元素值为 0。例如：

```
int a[3][4]={{1,2},{5,6},{9}};
int a[3][4]={{1,2,3},{5,6}};
int a[3][4]={{1,2},{},{9,10,11}};
```

分行部分赋值也可以省略第一维长度，则上述第一种定义可改写为：

```
int a[][4]={{1,2},{5,6},{9}};
```

但有时省略第一维长度可能导致含义不同，试比较以下定义：

```
int a[3][4]={{1,2,3},{5,6}};
int a[ ][4]={{1,2,3},{5,6}};
```

2. 按数组元素排列顺序连续赋值

（1）全部赋值。例如：

```
int a[3][4]={1,2,3,4,5,6,7,8,9,10,11,12};
```

这种赋值方法与分行全部赋值的效果一样，但不如分行赋值更为直观。按数组排列顺序为所有元素赋初值时，也可以省略第一维长度。上述定义可改写为：

```
int a[ ][4]={1,2,3,4,5,6,7,8,9,10,11,12};
```

（2）给部分元素赋初值，未被赋值的元素值为 0。例如：

```
int a[3][4]={ 1,2,3,4};
```

可以看出，二维数组初始化非常灵活，需仔细理解。二维数组初始化同一维数组初始化一样，需要注意以下几点。

（1）赋初值时，{ }中的值的个数不能超过数组的长度。

（2）当初值类型与数组类型不一致，编译系统会自动将初值类型转换成数组类型进行赋值。

（3）所谓"数组初始化"，是指在定义阶段赋值，所以不能在定义数组之后再用初始化的方式赋值。

任务实施

本任务要求输出杨辉三角的前 6 行，所以定义二维数组 a[6][6]，定义后用一个 for 循环为最左列和对角线的元素赋值 1。一般来说，二维数组通过双重循环实现，就像后面给其他元素赋值一样，本任务灵活运用 a[i][0] 和 a[i][i] 来表示最左列和对角线的元素。根据任务要求只需输出二维数组的左下部分，要注意两个循环嵌套中内循环的条件：一个是 j<i，另一个是 j<=i。

```c
#include <stdio.h>
main()
{ int a[6][6],i,j;
   for(i=0;i<6;i++)
    {a[i][0]=1;
     a[i][i]=1;
     }
   for(i=2;i<6;i++)
     for(j=1;j<i;j++)
       a[i][j]=a[i-1][j-1]+a[i-1][j];
   for(i=0;i<6;i++)
    {for(j=0;j<=i;j++)
      printf("%-4d",a[i][j]);
     printf("\n");
     }
   }
```

杨辉三角输出结果如图 6-6 所示。

图 6-6　杨辉三角输出结果

任务总结

本任务用二维数组输出了杨辉三角，从程序中可以看到二维数组与单循环、双重循

环的多次配合。本任务中二维数组未在定义阶段初始化，而是在定义后使用赋值语句赋值。在实际应用中，要根据需要灵活确定是否需要数组初始化，以及初始化时要考虑是全部赋值还是部分赋值。

任务拓展　经典编程

定义一个4×4的矩阵，将其主对角线上的元素置为1，次对角线上的元素置为-1，其余元素置为0。4×4矩阵，如图6-7所示，按行输出该矩阵。

$$
\begin{matrix}
1 & 0 & 0 & -1 \\
0 & 1 & -1 & 0 \\
0 & -1 & 1 & 0 \\
-1 & 0 & 0 & 1
\end{matrix}
$$

图 6-7　4×4 矩阵

任务⑲

恺撒加密——字符数组

任务描述

在密码学中，恺撒密码是一种简单且广为人知的加密技术，其基本思想是通过把字母移动一定的位数来实现加密和解密。明文中的所有字母，都在字母表上向后按照一个固定数目偏移后被替换成密文，其他字符保持不变。例如，当偏移量是3的时候，所有的 A 将被替换成 D，B 变成 E，依次类推 Y 变成 B，Z 变成 C，偏移的位数称为加密密钥。编写程序，输入明文（少于100个字符）存入字符数组，根据输入的加密密钥译出密文。

任务分析

本任务中的明文和密文中的每一个元素的类型都是字符型，所以需要用字符数组。

6.5　字符数组的定义与引用

1. 字符数组的定义

如果数组的数据类型为字符型，则此数组为字符数组。字符数组可以是一维数组，也可以是二维数组。定义字符数组的一般形式如下。

char　数组名[整型常量表达式]；

char　数组名[整型常量表达式 1][整型常量表达式 2]；

例如：

```
char a[10];    char b[3][50];
```

上述定义中，a[10]为一维字符数组，b[3][50]为二维字符数组。定义形式中的数组名以及常量表达式与前面一维数组、二维数组中的规定相同，在此不再赘述。本任务只介绍一维字符数组的相关知识，读者可结合上一任务介绍的二维数组尝试理解二维字符数组。

2. 字符数组的引用

前面介绍的整型、浮点型数组只能逐个引用数组中的元素，不能引用整个数组。字符型数组既能引用数组中的元素，也能引用整个数组。

（1）引用字符数组中的元素。字符数组元素的引用格式同前面介绍的一维数组，下面的程序是通过对数组元素的逐个引用，完成输入输出 10 个字符。

```
char a[10],i;
for(i=0;i<10;i++)
    scanf("%c",&a[i]);
for(j=0;j<10;j++)
    printf("%c",a[i]);
```

（2）引用整个数组。使用引用整个数组的方式，上述程序段可改写如下。

```
char a[10];
scanf("%s",a);
printf("%s",a);
```

对比以上两段程序，需注意以下两点。

（1）格式符不同，逐个引用时格式符为"%c"，整体引用时格式符为"%s"。

（2）引用整个数组时输入语句为"scanf("%s",a)"，数组名 a 前面没有取地址符，这是因为数组名表示数组在内存中的首地址。

6.6 字符数组的初始化

字符型数组既能逐个引用数组中的元素，也能引用整个数组。对应地，字符数组初始化时可以逐个字符初始化，也可以使用字符串整体赋值。当然，同前面介绍的一维数组、二维数组相同，可以全部赋值，也可以部分赋值。

1. 逐个字符初始化

（1）全部赋值。例如：

```
char a[4]={'g','o','o','d' };
```

初始化后 a[0]、a[1]、a[2]、a[3]里的元素分别为字母"g""o""o""d"。给所有元素赋初值时，数组长度可省略不写。上述定义可改写为：

```
char a[ ]={'g','o','o','d' };
```

（2）部分赋值，未被赋值的元素值为 ASCII 码为 0 的字符，即'\0'。例如：

```
char a[4]={'g','o' ,'o' };
```

字符数组 a 在内存中的存储示意图如图 6-8 所示。

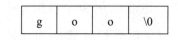

| g | o | o | \0 |

图 6-8　字符数组 a 存储示意图

2. 使用字符串整体赋值

字符串是使用双引号括起来的字符序列，系统会自动在字符串的末尾加上一个"\0"字符作为字符串结束的标识。例如，在任务 1 中曾经有如下的语句。

```
printf("Hello world!");
```

在执行此语句时系统怎么判定输出到哪里为止呢？实际上，在内存中存储时，系统自动在最后一个字符"!"后加了一个"\0"作为字符串的结束标志。

在对 C 语言处理字符串的方法有了上述的理解后，就不难理解以下的赋值方法了：

```
char b[ ]={ "perfect"};
```

也可以省略花括号，直接写成：

```
char b[ ]= "perfect";
```

如果不省略长度，应该写成：

```
char b[8]= "perfect";
```

以上三种初始化方式在内存中的存储方式是一样的，字符数组 b 存储示意图，如图 6-9 所示。

图 6-9　字符数组 b 存储示意图

使用字符串整体赋值的方法更直观方便，符合人们的习惯。数组 b 的长度是 8，而不是 7，这一点务必注意。试分析以下两种定义是否等价。

```
char b[ ]={'p','e','r','f','e','c','t'};
char b[ ]= "perfect";
```

6.7　字符串处理函数

C 语言提供了丰富的字符串处理函数，使用这些函数可极大提高编程效率。使用字符串输入输出函数，应包含头文件"stdio.h"；使用其他字符串处理函数，应包含头文件"string.h"。

1. 字符串输入输出函数

在字符数组的引用中，已经介绍了使用格式化输入输出语句对字符数组进行逐个或整体的输入输出，在此不再赘述。由于字符数组本质上存储的是字符串数据，因此字符数组可以按照字符串形式整体输入和输出。

（1）字符串输入函数。

gets(字符数组名);

功能：从键盘输入一个字符串，并将字符串保存到字符数组中。输入结束后，添加结束标志'\0'。

例如：

```
char a[10];
gets(a);
```

前面曾经用"scanf("%s",a);"将键盘输入的字符串保存到字符数组中，两者的区别是：使用 scanf 函数输入字符串时，系统以空格、Tab 键、Entel 键作为字符串输入的结束标志；gets 函数却可以输入空格、Tab，只有按 Entel 键时才结束输入。

用以下两个程序段，试分析当输入"Good morning"时输出结果的不同。

程序段 1：

```
char a[20];
gets(a);
printf("%s",a);
```

程序段 2：

```
char a[20];
scanf("%s",a);
printf("%s",a);
```

（2）字符串输出函数。

puts(字符数组名); 或 puts(字符串);

功能：从字符数组或字符串的起始字符开始输出，直到遇到结束标志'\0'为止。输出字符串后自动换行。

前面曾经用"printf("%s",a);"将字符数组中的内容输出，两者的区别是：使用 printf 函数输出字符串时，输出完毕后并不换行；使用 puts 函数输出完毕后自动换行。

无论是使用 printf 函数还是 puts 函数整体输出字符串，都是检测字符串结束标志"\0"时结束输出。若数组是以逐个字符赋值的形式初始化且元素中不含"\0"，系统会由于检测不到结束标志而输出一些无关字符。这一点读者可自行上机检验。为解决这一问题，建议使用逐个字符赋值的形式初始化时，手动添加元素"\0"。例如：

```
char a[5]={'g','o','o','d','\0'};
```

2. 包含头文件"string.h"的字符串处理函数

（1）求字符串长度函数 strlen(s)。

功能：求字符数组或字符串的有效字符个数，即"\0"之前的字符个数。例如：

```
char a[ ]="perfect";          //strlen(a)的值为7
char[20]="abc\0def";          //strlen(a)的值为3
strlen("abc\123\n");          //等于5
```

（2）字符串复制函数 strcpy(s1,s2)。

功能：将字符串或字符数组 s2 的内容复制到字符数组 s1 中。s1 必须是有足够大容量的字符数组，s2 既可以是字符数组，也可以是字符串常量。例如：

```
char a[ ]={"perfect" };
char b[ ]={"goog"};
strcpy(a,b);
puts(a);
printf("%c",a[5]);
```

输出结果为：

```
good
c
```

数组 a 的存储状态如图 6-10 所示。

| g | o | o | d | \0 | c | t | \0 |

图 6-10　数组 a 的存储状态

因为数组名代表的是数组的首地址，所以不能进行赋值运算，可以使用 strcpy 函数进行复制。

（3）字符串连接函数 strcat(s1,s2)。

功能：将字符串或字符数组 s2 的内容连接到字符数组 s1 原有内容的后面。s1 必须有足够大容量的字符数组，s2 既可以是字符数组，也可以是字符串常量。例如：

```
char a[20]={"Good " };
strcat(a,"morning");
puts(a);
```

输出结果为：

```
Good morning
```

（4）字符串比较函数 strcmp(s1,s2)。

功能：比较字符串 s1 和字符串 s2 内容的大小。s1、s2 既可以是字符数组，也可以是字符串常量。若字符串 s1 大于字符串 s2，函数返回值为正数；若字符串 s1 小于字符串 s2，函数返回值为负数；若字符串 s1 等于字符串 s2，函数返回值为 0。

字符串比较的规则：两个字符串从左至右逐个字符按照 ASCII 码的大小进行比较，直到出现不相同的字符或者遇到'\0'为止，例如：

```
char a[20]= "good";
char b[20]="Perfect";
int t;
t=strcmp(a,b);
if(t>0) puts("a>b");
    else if(t<0) puts("a<b");
```

else puts("a=b");

输出结果为：

a>b

同样地，因为数组名代表数组的首地址，所以不能直接使用比较运算符比较两个字符串的内容，而应使用 strcmp 函数。

任务实施

本任务中用到输入输出函数 gets、puts，还用到求字符串长度函数 strlen，所以应包含头文件 stdio.h 和 string.h。由于不确定用户输入的明文中是否含有空格、Tab 键，也不确定用户输入多长的字符串，所以使用 gets 函数而不是 scanf 函数输入，并且输入后使用 strlen(a)求出字符串长度以方便之后的循环。在 for 循环中，包含 if…else 结构，目的是完成对字母加密而保持其他字符不变。在 if…else 结构，目的是完成对字母加密而保持其他字符不变。在 if 里又嵌套了一个 if…else 结里又嵌套了一个 if，保证了大写字母加密后还是大写字母，小写字母加密后还是小写字母，这需要重点理解。语句 b[i]='\0';保证了之后的 puts(b);能找到数组的结束标记而不至于输出其他无关字符。

```c
#include <stdio.h>
#include <string.h>
main()
{ char a[100],b[100];
  int i,t,n;
  printf("请输入明文：");
  gets(a);
  n=strlen(a);
  printf("请输入密钥：");
  scanf("%d",&t);
  for(i=0;i<n;i++)
    {if(a[i]>='a'&&a[i]<='z'||a[i]>='A'&&a[i]<='Z')
      {b[i]=a[i]+t;
       if(b[i]>'Z'&&b[i]<='Z'+t||b[i]>'z')
          b[i]=b[i]-26;
      }
      else b[i]=a[i];
    }
  b[i]='\0';
```

```
    printf("\n密文如下：");
    puts(b);
  }
```

如输入"There are six warships here.", 密钥为 5, 则输出：

Ymjwj fwj xnc bfwxmnux mjwj.

任务总结

本任务比较综合，几乎涉及字符数组的方方面面：数组的定义、数组的输入、数组元素的引用与赋值、字符串结束标记、字符串函数、数组输出等。除此之外，for 循环内的 if…else 结构的嵌套也比较复杂。本任务相当于项目四、项目五、项目六的一个综合，需要认真理解掌握。

任务拓展　经典编程

输入一行字符（100 个以内），统计其中有多少个单词，单词之间用空格分开。

项目总结

本项目介绍了编程语言和 C 语言的发展及特点，并通过两个任务实例分析了 C 语本项目共包含 3 个任务，内容涵盖了一维数组、二维数组以及字符数组。

（1）无论何种数组，都必须先定义再使用。定义数组时，方括号内必须是常量表达式，不能包含变量。数组内的元素具有同样的数据类型，占据同样大小的存储空间。

（2）数组元素的下标从 0 开始，最大下标为元素个数-1。C 语言不对数组下标进行越界检查，所以在引用数组元素时不能使下标越界，以免产生难以预料的结果。

（3）用字符数组存放字符串是数组在处理文字型数据方面的典型应用，而字符串存储时是以'\0'作为结束标记的，因此在定义字符数组时最好能为'\0'预留空间。

（4）由于字符串具有区别于数值型数组的特殊性，系统提供了一系列字符串处理函数。要注意 gets、puts 函数和 scanf、printf 函数在整体输入输出字符数组时的区别；使用 strlen、strcpy 等函数时要注意包含头文件 string.h。

达标检测

一、填空题

1．若定义 int a[5]={2*5}，则数组元素 a[0]、a[1]、a[2]、a[3]、a[4]中的值分别为_____。

2．若定义 float a[4][5]，则系统分配给数组 a_____个字节的存储空间。

3．使用 scanf 函数输入字符串时以_____、_____及_____作为输入结束的标志，gets 函数只有按_____输入才结束。

4．使用 printf 函数逐个输出字符数组中的元素时格式符为_____，整体输出字符串时格式符为_____。

5．使用字符串输入输出函数应包含头文件_____，使用求字符串长度函数、字符串复制函数等应包含头文件_____。

6．比较两个字符串内容的大小可使用函数_____，要求一个字符串中有效字符的个数可使用函数_____。

二、程序结果题

1.
```c
#include <stdio.h>
main()
{ int i,a[10]={1,2,3,4,5,6,7,8,9,10},s=0;
  for(i=0;i<=9;i++)
    {if (a[i]%2!=0) continue;
      s+=a[i];
      }
    printf("%d",s);
}
```

2.
```c
#include <stdio.h>
main()
{ int a[3][4]={{1,2,3},{},{5,6,7,8}};
  int b[3][4]={{11,12,13,14},{15,16}};
  int i,j,c[3][4];
  for(i=0;i<3;i++)
      for(j=0;j<4;j++)
```

```
                c[i][j]=a[i][j]+b[i][j];
        for(i=0;i<3;i++)
          {for(j=0;j<4;j++)
                printf("%5d",c[i][j]);
            printf("\n");
          }
      }
```

3.
```
#include<stdio.h>
main()
{ int i,a[3][4]={1,13,2,12,3,15,4,5,14,6,7,8};
  for(i=0;i<3;i++)
      printf("%4d",a[i][i]);
   }
```

4.
```
#include<stdio.h>
#include<string.h>
main()
{   char s[10]="good ";
    strcat(s,"job");
    printf("%s\n",s);
}
```

5.
```
#include <stdio.h>
#include <string.h>
main()
{   char s[10]="drah krow";
    char ch;
    int i,j;
    for(i=0,j=strlen(s)-1;i<j;i++,j--)
    {   ch=s[i];
         s[i]=s[j];
        s[j]=ch;
    }
    printf("%s\n",s);
}
```

三、编程题

1. 某班要竞选班长，已知班内共有 50 人，有 3 个候选人。请编写程序，统计 3 个候选人的得票数及无效选票数。

2．从键盘输入 10 个整数存入一维数组，将其按照从大到小的顺序排列。

3．斐波那契数列指的是这样一个数列：1，1，2，3，5，8，13，21，34……这个数列从第三项开始，每一项都等于前两项之和。编写程序，利用一维数组输出这个数列的前 20 项。

4．编写程序，输入 4 行 3 列整数，找出其中的最大值，并输出最大值所在的行标和列标。

5．编写程序，输入 5 个学生 4 门课的成绩，求每个学生的平均成绩和每门课的平均成绩。

6．编写程序，求字符串的长度（100 个以内），不要用 strlen 函数。

项目 7

用函数实现模块化程序设计

通过前几个项目的学习，初学者已经能够编写一些简单的 C 语言程序，但随着程序的功能增多，规模扩大，如果把所有的程序代码都写在一个主函数（main 函数）中，就会面临以下几个问题：

（1）main 函数变得相当冗杂，程序可读性差；

（2）代码前后关联度高，修改代码往往牵一发而动全身；

（3）为了在程序中多次实现某个功能，不得不重复写相同的代码；

（4）变量名资源紧张（因为简单的名字都用完了，如：小红、小明、小欣。为了不重复命名，只能使用小明 2、小欣 2……）；

（5）程序复杂度不断提高，编程变成了头脑风暴。

为了解决以上问题，人们采用"组装"的办法来简化程序设计的过程。把程序分解成被称为"函数"的更小的片段，这样使得工作简化、程序明晰。可以事先编好一批常用的函数来实现各种不同的功能，把它们保存在函数库中。需要使用时，直接调用系统函数库中的函数代码，执行这些代码，即可得到预期的结果。函数是用来实现一定的功能，它主要有以下几个特点。

（1）一个 C 语言程序由一个或多个程序模块组成，每个程序模块作为一个源程序文件，一个源程序文件由一个或多个函数组成。

（2）C 语言程序的执行是从 main 函数开始，如果在 main 函数中调用其他函数，在调用结束后流程返回到 main 函数，在 main 函数中结束整个程序的运行。

（3）函数必须"先定义，后使用"，函数间可以互相调用，但不能调用 main 函数。

所有函数都是平行的，即在定义函数时是分别进行的，是互相独立的。一个函数并不从属于另一个函数，即函数不能嵌套定义。

（4）从用户使用的角度看，函数有两种。

① 库函数，它是由系统提供的，用户不必自己定义，可直接使用它们。

② 用户自己定义的函数。它是用以解决用户专门需要的函数。

（5）从函数的形式看，函数分两类。

① 无参函数。在调用返回无参函数时，主调函数不向被调用函数传递数据。无参函数可以带回或不带回函数返回值，但一般以不带回函数返回值的居多。

② 有参函数。在调用函数时，主调函数在调用被调用函数时，通过参数向被调用函数传递数据。一般情况下，执行被调用函数时会得到一个函数返回值，供主调函数使用。

学习目标

【知识目标】理解 C 语言函数的概念；掌握 C 语言函数的定义与调用。

【技能目标】能够灵活使用函数的嵌套调用和递归调用，清楚 C 语言变量的作用域和存储类别。

【素养目标】培养学生工程项目分析能力和管理能力。

知识框架

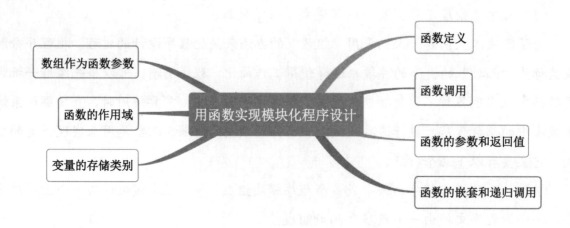

输出里程较长的中国高铁线
——函数的定义与函数的调用

任务描述

中国高铁高速腾飞，"截至 2020 年底，我国高速铁路运营里程达 3.79 万公里……（中国政府网）"是全球高速铁路运营里程最长的国家。一系列高速铁路的长大干线构筑了中国的高速铁路网，请编程实现：输入任意两条铁路线的长度，比较后输出较长的高速铁路线，要求使用函数完成。

任务分析

通过分析，本任务转换为 C 语言的描述为输入两个数，从两个数中找出最大值。算法很简单，关键是要采用一个函数来实现它。这里先定义一个 max 函数，函数作用是求出最大值，然后在主函数中调用 max 函数，输出最大值。

知识准备

7.1 函数的定义

1. 函数定义的一般形式

函数定义的一般形式为：

类型名 函数名（形式参数列表）

{

函数体

}

函数体包括声明部分和语句部分。

例如：

```
int sum(int a,int b)
```

```
{
    int c;              //声明部分
    c=a+b;              //语句部分
    return c;
}
```

这是一个求两个整数和的函数。第 1 行第 1 个关键字 int，表示函数返回一个 int 型的数据。括号中有两个形式参数 x 和 y，它们的数据类型都是整型。花括号内是函数体，它包括声明部分和语句部分。声明部分可以是对变量的声明，也可以是对被调用函数的声明。

2. 有关函数定义的几点说明

（1）类型名是函数返回值的数据类型，如果这个函数不返回任何数据，那么需要写上 void（void 为无类型，表示没有返回值）。

（2）函数名为函数的名字，一般根据函数实现的功能来命名，如"sum"就是"求和"的意思。

（3）参数列表指定了参数的类型和名字，如果这个函数没有参数，那么这个位置可以为空或者为 void。

类型名 函数名（）

{

　　函数体

}

或

类型名 函数名（void）

{

　　函数体

}

（4）函数体指定函数的具体实现过程，是函数中最重要的部分。

（5）空函数指函数体为空的。定义形式为：

类型名 函数名（）

{ }

例如：

```
void dummy( )
{ }
```

在主调函数中如果有调用此函数的语句：

```
dummy( );
```

表明要调用 dummy 函数，现在这个函数不执行任何操作，只是占一个位置，等以后扩充程序功能时用一个编好的函数代替它。

7.2 函数的调用

1. 函数调用的一般形式

函数调用的一般形式为：

函数名（实参列表）；

如果是调用无参函数，则"实参表列"可以没有，但括号不能省略。如果实参表列包含多个实参，则各参数间用逗号隔开，示例如下。

编写一个 sum 函数，由用户输入参数 n，计算 $1+2+3+\cdots+(n-1)+n$ 的结果并返回。

```c
#include <stdio.h>
int sum(int x)
{
    int result =0;
    do
    {
        result +=x;
    }   while(x-->0);
    return result;
}
main()
{
    int n;
    printf("请输入n的值：") ;
    scanf("%d",&n);
    printf("1+2+3+…+(n-1)+n的结果是：%d\n",sum(n));
    return 0;
}
```

运行结果如下：

```
请输入n的值：100
1+2+3+...+(n-1)+n的结果是：5050
```

在该示例中，使用 sum 函数来求和。调用时，传递 n 的值给形参 x。

按照函数调用在程序中出现的形式和位置来考虑。有以下 3 种函数调用方式：

（1）函数调用语句。把函数调用单独作为一个语句，如：sum(n)，这时不要求函数带回值，只要求函数完成一定的操作。

（2）函数表达式。函数调用出现在另一个表达式中，如：c=max(a,b)，max(a,b)是一次函数调用，它是赋值表达式中的一部分。这时要求函数带回一个确定的值以参加表达式的运算。例如：

```
c=2*max(a,b);
```

（3）函数参数。函数调用作为另一个函数调用时的实参。例如：

```
m=max(a,max(b,c));
```

其中，max(b,c)是一次函数调用，它的值是 b 和 c 二者中的"大者"，把它作为 max 另一次调用的实参。经过赋值后，m 的值是 a、b、c 三者中的最大者。又如上述示例中的：

```
printf("1+2+3+…+(n-1)+n的结果是：%d\n",sum(n));
```

也是把 sum(n)作为 printf 函数的一个参数。

说明：调用函数并不一定要求包括分号，只有作为函数调用语句时才需要有分号。如果作为函数表达式或函数参数，函数调用本身是不必有分号的，不能写成

```
printf("%d",max(a,b););                    //max(a,b)后面多了一个分号
```

2. 函数声明

所谓声明（declaration），就是告诉编译器："我要使用这个函数，你现在没有找到它的定义不要紧，请不要报错，稍后我会把定义补上"。

有些读者发现即使不写函数声明，程序也可以正常执行。但是，如果把函数的定义写在调用之后，那么编译器可能就"找不着北"了，示例如下。

```
#include<stdio.h>
int main(void)
{
  print_C();
return 0;
}
void print_C(void)
{
printf(" ##### \n");
printf("##    ## \ n");
```

```
    printf("##        \n");
    printf("##        \n");
    printf("##        \n");
    printf("##    ## \n");
    printf(" ###### \n");
    }
```

程序进行编译时会报错，函数未声明如图 7-1 所示。

图 7-1　函数未声明

提示"函数'print_C'没有进行声明"。main 函数的位置在 print_C 函数的前面，而程序的编译是从上到下执行的，因为没有对 print_C 函数进行声明，当程序编译到第 4 行时，编译器无法确定 print_C 是不是函数名，因此无法进行正确性的检查。然而在实际开发中，经常会在函数定义之前使用它们，所以需要提前声明。函数声明的格式非常简单，只需要去掉函数定义中的函数体再加上分号即可。如上述示例，只需要在 main 函数体的第 1 行加上

```
    void print_C(void);
```

由此可见，函数声明和函数定义中的第 1 行（函数首部）基本上是相同的，函数声明比函数定义中的首行多一个分号。因此在函数声明时，可以简单地照写已定义的函数的首行，再加一个分号，就成了函数的"声明"。函数的首行（即函数首部）称为函数原型（function prototype）。所以函数声明的一般形式为：

函数类型　函数名（参数类型 1　参数名 1，参数类型 2　参数名 2，…，参数类型 n　参数名 n）；

其中参数名 1，参数名 2，…，参数名 n 可以省略。如下列两种声明方式都是正确的：

```
    float add(float a,float b);        //既有参数名也有参数类型
    float add(float,float);            //不写参数名，只写参数类型
```

注意：函数定义和函数声明不是一回事。函数定义是指对函数功能的确立，包括指定函数名、函数值类型、形参、形参类型以及函数体等。它是一个完整的、独立的函数单位。而函数声明的作用则是把函数的名字、函数类型以及形参的类型、个数和顺序通

知给编译系统,以便系统在调用函数时按此进行对照检查(例如,函数名是否正确,实参与形参的类型和个数是否一致),且不包含函数体。

7.3 函数的参数和返回值

函数在定义时,通过参数列表来指定参数的数量和类型,参数使函数变得更加灵活,传入不同的参数可以让函数实现更为丰富的功能。比如,现在要造一辆车,那么这个车轮就使用一个函数来生产,但如果所有型号汽车的车轮都一样,就没办法进行个性化销售。所以函数要支持个性化定制,让车轮可以是圆的,也可以是……不对,车轮都应该是圆的,那就定制图案,可以是梅花,可以是五角星等。这就是参数的用法。

1. 形参和实参

形参就是形式参数,函数定义时写的参数就叫形参,因为那时它只是作为一个占位符而已。而实参是在真正调用这个函数时,所传递的数值,是一个真实的值。实参可以是常量、变量或表达式。形参和实参的功能其实用作数据传送。

2. 形参和实参间的数据传递

在调用函数过程中,系统会把实参的值传递给被调用函数的形参。或者说,形参从实参得到一个值。该值在函数调用期间有效,可以参与该函数中的运算。在调用函数过程中发生的实参与形参间的数据传递称为"虚实结合"。如下例输出两个整数中的最大值,要求用函数来实现。

```c
#include<stdio.h>
int max(int x,int y)                  //定义max函数,有两个参数
{
    int z;                            //定义临时变量z
    z=x>y? x:y;                       //把x和y中的大者赋给z
    return(z);                        //把z作为max函数的值带回main函数
}
main()
{
    int max(int x,int y);             //对max函数的声明
    int a,b,c;
    printf("请输入两个整数: ");        //提示输入数据
    scanf("%d,%d",&a,&b);             //输入两个整数
    c=max(a,b);                       //调用max函数,有两个实参。大数赋给变量c
```

```
        printf("较大值为：%d\n",c);              //输出大数c
    }
```

运行结果：

> 请输入两个整数:5，7
> 较大值为：7

程序中先定义 max 函数（注意第 1 行的末尾没有分号）。第 1 行定义了一个函数，名为 max，函数类型为 int，指定两个形参 x 和 y，形参的类型为 int。主函数中包含一个函数调用语句"c=max(a,b);"，max 后面括号内的 a 和 b 是实参。a 和 b 是在 main 函数中定义的变量，x 和 y 是 max 函数的形参，通过函数调用，在两个函数之间发生数据传递，实参 a 和 b 的值传递给形参 x 和 y，在 max 函数中把 x 和 y 中的大者赋给变量 z，z 的值作为函数值返回 main 函数，赋给变量 c。

关于函数参数的几点说明如下。

（1）函数的形参可以有多个，可以是相同类型，也可以是不同类型。但为相同类型时，不可随意简写。例如，上例中的 max()函数定义的第 1 行不可写成：

> int max(int x,y)

（2）形参必须是变量，但实参可以是常量、变量和表达式。例如，可以这样调用上例中的 max()函数：

> c=max(5,a+b);

（3）实参类型应与形参类型应相同或赋值兼容。如上例中实参和形参的类型相同，都是整型，这是合法的、正确的。如果实参为 int 型而形参 x 为 float 型，或者相反，则按不同类型数值的赋值规则进行转换。例如，实参 a 为 float 型变量，其值为 4.5，而形参 x 为 int 型，则在传递时先将实数 4.5 转换成整数 4，然后送到形参 x 中，字符型与 int 型可以互相通用。

（4）实参向形参的数据传递是"值传递"，将实参的值传给形参，而不能由形参传给实参。这种传递是单向传递，即在函数中形参的改变并不传递给实参，这是由于实参和形参在内存中占有不同的存储单元，改变形参的值不会影响实参单元中的值。

3. 函数的返回值

函数的返回值是通过函数中的 return 语句获得的，return 语句的一般形式为：

> return(表达式)；或者 return 表达式；

例如：

```
        return(z);
```

使用返回值时，应注意以下几点。

（1）返回值的类型应当与定义函数时指定的函数值的类型一致。

例如：

```
    int max(float x,float y)                 //函数返回值为整型
```

（2）函数类型决定返回值的类型。在定义函数时指定的函数类型一般应该和 return 语句中的表达式类型一致。如果函数值的类型和 return 语句中表达式的值不一致，则以函数类型为准。对数值型数据，可以自动进行类型转换。例如，上例输出两个数中的较大值可以稍做改动，将在 max 函数中定义的变量 z 改为 float 型。函数返回值的类型与指定的函数类型不一致，分析其处理方法。

```
#include<stdio.h>
int max(float x,float y)
{
    float z;                              // z为实型变量
    z=x>y？ x:y;
    return(z);
}
main()
{
    int max(float x, float y);
    float a,b;
    int c;
    scanf("%f,%f",&a,&b);
    c=max(a,b);
    printf("较大值为：%d\n",c);
}
```

运行结果：

```
3.4，5.7
较大值为：5
```

① max 函数的形参是 float 型，实参也是 float 型，在 main 函数中输入的 a 和 b 的值是 3.4 和 5.7，在调用 max(a,b)时，把 a 和 b 的值 3.4 和 5.7 传递给形参 x 和 y。执行函数 max 中的条件表达式 z=x>y？ x:y，使得变量 z 得到的值为 5.7。现在出现了矛盾：函数定义为 int 型，而 return 语句中的 z 为 float 型，要把 z 的值作为函数的返回值，二者不一致。怎样处理呢？按赋值规则处理，先将 z 的值转换为 int 型得到 5，它就是函数得

到的返回值。最后，max(x,y)带回一个整型值 2 返回 main 主调函数。

② 如果将 main 函数中的 c 改为 float 型，用%f 格式符输出，输出 5.000000。因为调用 max 函数得到的是 int 型，函数值为整数 5。

（3）如果函数中没有 return 语句，并不代表没有返回值，而是返回一个不确定的值。这样在主调函数中使用的函数返回值也将不确定。

（4）如果函数不需要返回结果，即不需要返回值，则函数应定义为"void 类型"（即空类型），此时函数中不必使用 return 语句。

（5）一个函数可以有多个 return 语句，用于指定不同条件下的返回值，当遇到第 1 个 return 语句时，C 语言程序立即终止函数的执行，并将指定值返回给调用函数，后面的代码不再执行，继续执行调用函数中的语句。如上例中的 max 函数可以改写成：

```
int max(int x,int y)
{
    if(x>y) return x;     //程序一旦执行return语句，表明函数返回，后面代码不再执行
    else return y;
}
```

任务实施

定义 max 函数，再编写 main 主函数，在主函数中调用 max 函数，要注意函数的声明，最终用 printf 语句输出里程较长的铁路线。

```
#include<stdio.h>
int max(int x,int y)
{
    int z;
    z=x>y？x:y;
    return(z);
}
main()
{
    int max(int x,int y);
    int a,b,c;
    printf("请输入两条铁路线的长度：");
    scanf("%d,%d",&a,&b);
    c=max(a,b);
printf("较长的铁路线为：%4d公里\n",c);
}
```

任务 22 的运行结果如图 7-2 所示。

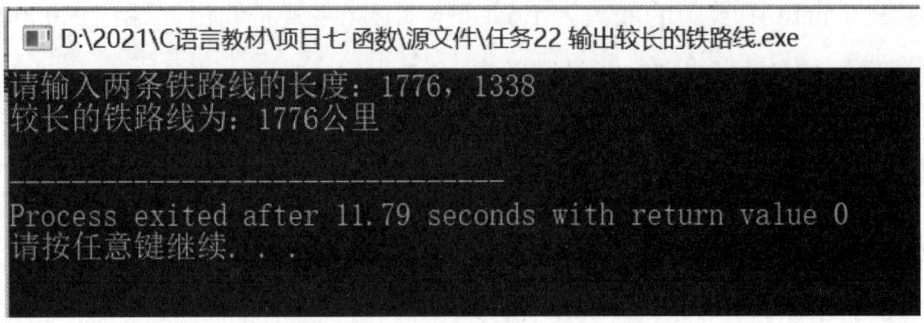

图 7-2　任务 22 的运行结果

任务总结

本任务将知识融入腾飞的中国高铁案例中，在了解中国高铁飞速发展的同时，升腾起对国家的热爱之情。同时在本任务中掌握了函数的定义和调用的相关知识。函数必须先定义后调用，函数定义时注意指定类型名、函数名以及参数列表。函数调用的一般形式是函数名（实参列表）。要注意在函数进行调用时要进行函数的声明，同时注意形参和实参的单向值传递。

任务拓展　经典编程

编写一个函数，要求函数能打印"***我爱你中国***"。

任务 21

求阶乘——函数的嵌套调用和递归调用

任务描述

用递归方法求 n!，n!=n×(n-1)×(n-2)×…×2×1。

任务分析

正整数阶乘是指小于及等于该数的所有正整数的积。比如 n=5，则 5 的阶乘是 1×2×3×4×5=120，根据阶乘的性质可知，n!=(n-1)!×n，而（n-1)!=（n-2）!×(n-1)，…，

1! =1。显然，这是一个递归问题。可分成两个阶段：第 1 阶段是"回溯"，即将 n!表示为（n-1）!…1!，此时 1! =1，回溯结束。然后开始第 2 阶段"递推"，从 1! 推算出 2! =1! ×2=2，…推算出 n!。

知识准备

7.4　函数的嵌套调用和递归调用

"从前有座山，山上有座庙，庙里有一个老和尚和一个小和尚，老和尚在给小和尚讲故事："从前有座山，山上有座庙，庙里有一个老和尚和一个小和尚，老和尚在给小和尚讲故事：……"这个故事可以给大家讲上一年，就到此为止吧。这个故事实际上说的就是今天要讲解的知识点：嵌套和递归，如图 7-3 所示。

图 7-3　嵌套和递归

C 语言的函数定义是相互独立的，也就是说，在定义函数时，一个函数内不能再定义另一个函数，即不能嵌套定义，但函数的调用可以进行嵌套，即在调用一个函数的过程中，又调用另一个函数。如果在调用函数的过程中又出现直接或间接地调用该函数本身，称为函数的递归调用。

如果掌握了递归的方法和技巧，会发现这是一个非常棒的编程思路。有时候绞尽脑汁都解决不了的问题，用递归就可以轻松地实现。下面给出递归在日常中的几个常用例子。

1. 汉诺塔游戏

汉诺塔游戏如图 7-4 所示，游戏要求将最左边柱子的圆盘借助中间柱子依次移动到最右边，要求每次只能移动一个圆盘，并且较大的圆盘必须在较小的圆盘的下方。

图 7-4 汉诺塔游戏

2. 谢尔斯宾基三角形

三角形里边填充有三角形，只要空间够大，它可以撑满整个空间，这就是谢尔斯宾基三角形如图 7-5 所示。

图 7-5 谢尔斯宾基三角形

3. 画中画

流行的画中画的拍照方式如图 7-6 所示，也是递归在现实中的应用。

图 7-6 流行的画中画的拍照方式

任务实施

求 n!可以用递归的方法，即 5！=4！×5，而 4！=3！×4×…×1！=1。可用下面的递归公式表示：

$$n! = \begin{cases} 1 & (n = 0,1) \\ n \times (n-1)! & (n > 1) \end{cases}$$

```
#include <stdio.h>
long fact(int n)
{
    long result;
    if (num>0)
    {result =n * fact(n-1);}
    else
    {result=1;}
    return result;
}
main()
{
    long fact(int n);
    int n;
    long y;
    printf("请输入一个正整数： ");
    scanf("%d",&n);
    y=fact(n);
    printf("%d的阶乘是：%ld\n", n, y);
}
```

运行程序，输出结果如图 7-7 所示。

图 7-7 任务 23 运行输出结果

任务总结

在 fact 函数中，使用 if 语句来避免无限递归。当递归到 n=1 时，停止调用，并将阶乘值返回到上一层调用。上一层根据返回值求得新的阶乘值，并返回到更上一层调用。如此继续，最终可求得 n!。由于阶乘数值较大，因此使用 long 型变量存储该值。

从本任务可以看出，使用递归的关键在于找出递归关系和递归终止条件。而对初学者来说，最容易出现的问题就是没有设置递归终止的条件，程序会无休止地调用函数本身而停不下来，直至内存耗尽而崩溃。

在有些问题上，用递归实现更易于操作，如汉诺塔程序，但有些问题用递归实现会

大大增加程序的运行时间并消耗大量内存，此时尽量不使用递归函数。

任务拓展　经典编程

Hanoi（汉诺）塔问题。这是一个古典的数学问题，是一个需要用递归方法解题的典型例子。问题是这样的：古代有一个梵塔，塔内有 3 个座分别为 A、B、C。开始时，A 座上有 64 个盘子，盘子大小不等，大的在下，小的在上，如图 7-4 所示。有一个老和尚想把这 64 个盘子从 A 座移到 C 座，但规定每次只允许移动一个盘，且在移动过程中在 3 个座上都始终保持大盘在下，小盘在上。在移动过程中可以利用 B 座。要求编写程序输出移动盘子的步骤。

任务22
找出数组中的最大值——数组作为函数参数

任务描述

输入 10 个数值，要求输出其中的最大数值。

任务分析

可以定义一个数组 a，长度为 10，用来存放 10 个数。设计 max 函数，用来求两个数中的大者。在主函数中定义一个变量 m，m 的初值为 a[0]。假定第 1 个元素 a[0] 是最大值，依次将数组元素 a[1]～a[9] 与 m 比较，最后得到的 m 的值就是 10 个数中的最大者。

知识准备

7.5　数组作为函数参数

1. 数组元素作函数参数

数组元素可以用作函数的实参，但是不能用作形参。因为形参是在函数被调用时临时分配存储单元的，不可能为每个数组元素单独分配存储单元（数组是一个整体，在内

存中占连续的一段存储单元）。在用数组元素作函数实参时，把实参的值传给形参，是"值传递"方式。数据传递的方向是从实参传到形参，单向传递。

2. 一维数组名作函数参数

除了可以用数组元素作函数参数外，还可以用数组名作函数参数（包括实参和形参），作为实参的数组名将数组元素首地址传递给形参所表示的数组名，即实参传给形参的是地址。

为什么要进行地址传递呢？它与"值传递"有什么不同呢？"值传递"是实参向形参进行值的单向传递，被调用函数对调用函数的影响是通过 return 语句来实现的，即只返回一个数据。

在很多情况下，被调函数向主调函数仅返回一个数据是远远不够的，而是需要返回一批数据。例如，若主函数输入 50 名学生的成绩，用被调函数来实现对 50 名学生成绩排序，并在主函数中直接引用经过排序的学生成绩。对于此类问题，显然通过 return 语句是无法实现的，必须通过地址作为函数参数，实现实参地址向形参地址的传递，使实参、形参指向相同的存储单元。在被调函数对这些单元的数据进行处理并返回主函数后，主函数就可以直接引用这些单元的数据了。例如，一维数组 score 中存放着一名学生的 5 门课程的成绩，求平均分。

```c
#include<stdio.h>
main()
{
    float average(float array[5]);              //函数声明
    float score[5],aver;
    int i;
    printf("请输入5门课程的成绩：\n");
    for(i=0;i<5;i++)
    scanf("%f",&score[i]);
    printf("\n");
    aver=average(score);                        //调用average函数
    printf("平均分是：%5.2f\n",aver);
}
float average(float array[10])                  //定义average函数
{
    int i;
    float aver,sum=0;
    for(i=0;i<5;i++)
    sum=sum+array[i];                           //累加学生成绩
    aver=sum/5;
}
```

数组名作为函数参数的运行结果如图 7-8 所示。

图 7-8　数组名作为函数参数的运行结果

3. 多维数组名作函数参数

多维数组名可以作为函数的实参和形参，这里只以二维数组为例来介绍。在被调用函数中对形参数组定义时可以指定每一维的大小，也可以省略第一维的大小说明，例如：

```
int array[3][10];        //或int array[ ][10];
```

二者都合法并且等价。但是不能把第 2 维的大小说明省略。如下面的定义是不合法的：

```
int array[ ][ ];        //或int array[3][ ];
```

如有一个 3×4 的矩阵，求所有元素中的最大值，例如：

```
#include <stdio.h>
 main()
{
    int max_value(int array[][4]);              //函数声明
    int a[3][4]={{1,3,5,7},{2,4,6,8},{15,17,34,12}};      //对数组元素赋初值
    printf("Max value is %d\n",max_value(a));      //max_value(a)为函数调用
}
int max_value(int array[][4])              //函数定义
{
    int i,j,max;
    max=array[0][0];
    for(i=0;i<3;i++)
    for(j=0;j<4;j++)
    if(array[i][j]>max)max=array[i][j];      //把最大值放在max中
    return(max);
}
```

求矩阵最大值运行结果，如图 7-9 所示。

图 7-9　求矩阵最大值运行结果

任务实施

从键盘输入 10 个数给 a[0]~a[9]。变量 m 用来存放当前已比较过的各数中的最大者。开始时设定 m 的值为 a[0]，然后将 m 与 a[1]比较，将较大值存入 m，每次将两个数中的较大值和下一个数比较，得到新的较大值，当数组所有元素比较完后，最终得到的较大值就是整个数组的最大值。

```c
#include<stdio.h>
main()
{
    int max(int x,int y);                //函数声明
    int a[10],m,n,i;
    printf("请输入10个整数：");          //输入10个数给a[0]~a[9]
    for(i=0;i<10;i++)
    scanf("%d",&a[i]);
    printf("\n");
      m=a[0];
    for(i=1;i<10;i++)
    m=max(m,a[i]);                       //max函数返回的值取代m原值
    printf("最大值是  %d\n",m);
    }
int max(int x,int y)                     //定义max函数
{return(x>y？x:y); }                     //返回x和y中的大者
```

找出数组中的最大值的运行结果，如图 7-10 所示。

图 7-10　找出数组中的最大值的运行结果

任务总结

数组元素也可以用作函数实参，其用法与变量相同，向形参传递数组元素的值。此外，数组名也可以作实参和形参，传递的是数组第一个元素的地址。

任务拓展　经典编程

用选择法对数组中 10 个整数按由小到大的顺序排序。

（提示：所谓选择法就是先将 10 个数中最小的数与 a[0]对换；再将 a[1]~a[9]中最

小的数与 a[1]对换……每比较一轮，找出一个未经排序的数中最小的数。）

任务 ② 23

求长方体体积及侧面积——函数的作用域

任务描述

输入长方体的长、宽、高，求其体积及三个侧面的侧面积。

任务分析

由于 return 语句只能从函数中带回一个返回值，所以体积和三个侧面积不可能都由 return 语句返回。可以利用全局变量的特点来解决这个问题，即使用 return 语句返回一个数值（体积），而其他数据则通过全局变量来传递。

知识准备

7.6 函数的作用域

变量的作用域又称为变量的作用范围或变量的有效范围，指的是一个变量在何处可以使用。根据变量的作用域可将变量分为局部变量和全局变量。

1. 局部变量

局部变量是在函数内部声明的变量，也包括函数的形参。它们仅在包含该变量声明的函数中起作用，在函数外不能使用这些变量。另外在复合语句内部定义的变量，其作用范围仅限于复合语句内部。例如，下述程序示例。

```c
#include <stdio.h>
int main(void)
{
    int i =520;
    printf("before, i = %d\n", i);
    for (int i=0;i<10;i++)
    {printf("%d\n",i);}
```

```
        printf("after,i=%d\n",i);
    }
```

局部变量运行结果，如图 7-11 所示。

```
■ D:\2021\C语言教材\项目七 函数\源文件\局部变量.exe
before, i = 520
0
1
2
3
4
5
6
7
8
9
after, i=520
```

图 7-11　局部变量运行结果

分析：在 main 函数中两次定义了 i 变量，但编译器竟然都通过了（在同一个函数中不允许重复定义同名变量），这是因为第二个 i 变量是定义于 for 语句构成的复合语句中，它的作用范围仅限于 for 循环体的内部，所以两者并不会发生冲突。局部变量的作用范围，如图 7-12 所示。

```
int main(void)
{
    int i =520;
    printf("before, i = %d\n", i);
    for(int i =0;i＜10;i++)
    {
        printf("%d\n", i);
    }
    printf("after,i =%d\n", i);
}
```

图 7-12　局部变量的作用范围

这里 for 语句因为定义了同名的 i 变量，所以它屏蔽了第一个定义的 i 变量。换句话说，在 for 语句的循环体中，无法直接访问到外边的 i 变量。

2. 全局变量

在函数外面定义的变量称为外部变量，也叫全局变量。有时候，可能需要在多个函

数中使用同一个变量，那么就会用到全局变量，因为全局变量可以被本程序中其他函数所共用。

设置全局变量的作用是增加函数间数据联系的渠道。由于同一文件中的所有函数都能引用全局变量的值，因此，如果在一个函数中改变了全局变量的值，就能影响到其他函数中全局变量的值。相当于各个函数间有直接的传递通道。由于函数的调用只能带回一个函数返回值，因此，有时可以利用全局变量来增加函数间的联系渠道，通过函数调用能得到一个以上的值。

分析下面程序段：

```c
#include<stdio.h>
int a=5,b=10;                    //全局变量
void modify()
{
    a++;
    b--;
    printf("pos1:a=%d,b=%d\n",a,b);
}
main()
{
    modify();
    printf("pos2:a=%d,b=%d\n",a,b);
}
```

全局变量运行结果如图 7-13 所示。

图 7-13   全局变量运行结果

与局部变量不同，如果不对全局变量进行初始化，那么它会自动初始化为 0。如果在函数的内部存在一个与全局变量同名的局部变量，编译器并不会报错，而是在函数中屏蔽全局变量（也就是说在这个函数中，同名局部变量将代替全局变量）。如将上例稍作修改：

```c
#include<stdio.h>
int a=5,b=10;                    //全局变量
void modify()
{int a=5,b=10;
    a++;
```

```
        b--;
        printf("pos1:a=%d,b=%d\n",a,b);
    }
main()
    {
        modify();
        printf("pos2:a=%d,b=%d\n",a,b);
    }
```

全局变量 2 运行结果如图 7-14 所示。

图 7-14　全局变量 2 运行结果

程序定义了 a 和 b 两个全局变量，主函数首先调用 modify 函数，恰好 modify 函数中定义了与全局变量同名的局部变量 a 和 b。由于出现了同名的局部变量，所以对应的全局变量 a 和 b 被屏蔽。接下来同时对变量 a 和 b 进行修改，然后输出的是局部变量 a 和 b 的值。最后回到 main 函数，输出的是两个全局变量的值，发现在 modify 函数中对局部变量进行修改，并不会影响全局变量的值。

注意：本程序的目的是为了说明 C 语言是如何解决命名冲突的问题，在应用中，应尽量避免这种情况，因为这将使代码难以被理解。

7.7　变量的存储类别

根据变量的作用域（空间角度）的不同，可将变量分为局部变量和全局变量。根据变量的生存期（时间角度）的不同，可将变量分为静态存储方式和动态存储方式。

变量的生存期指的是变量值的存在时间。静态存储方式是指在程序运行期间分配固定的存储空间的方式，动态存储方式则是在程序运行期间根据需要动态分配存储空间的方式。变量的存储类型是指存储变量值的内存类型，C 语言提供了 4 种存储类型：自动类别（auto）、寄存器类别（register）、静态类别（static）和外部类别（extern）。

1. 自动变量

在代码块中声明的变量默认的存储类型就是自动变量（auto），使用关键字 auto 来描述。所以函数中的形参、局部变量以及复合语句中定义的局部变量都是自动变量。

```
#include <stdio.h>
int main(void)
{
    auto int i, j, k;
}
```

由于这是默认的存储类型，所以无须写 auto。但有时候若想强调使得代码更清晰：局部变量屏蔽同名的全局变量这一做法，可以在该局部变量的声明处加上 auto，这样可以使得代码更清晰。

```
#include <stdio.h>
int i;
int main()
{
    auto int i;
}
```

2. 寄存器变量

寄存器存在于 CPU 内部，CPU 对寄存器的读取和存储几乎没有任何延时。将一个变量声明为寄存器变量（register），那么该变量就有可能被存放于 CPU 的寄存器中。为什么这里说是"有可能"呢？因为 CPU 的寄存器空间十分有限，所以编译器并不会将所有声明为 register 的变量都放到寄存器中。事实上，有可能所有的 register 关键字都被忽略，因为编译器有自己的一套优化方法，会权衡哪些才是最常用的变量。在编译器看来，它比你更了解程序。而那些被忽略的 register 变量，它们会变成普通的自动变量。注意：若将变量声明为寄存器变量，那么就没办法通过取址运算符（&）获得该变量的地址。例如计算 1～n 的整数和，程序如下：

```
#include <stdio.h>
main()
{
    register int i,sum=0;
    int n;
    scanf("%d",&n);
    for(i=1;i<=n;i++)
    sum+=i;
    printf("%d",sum);
}
```

上述程序中，需要频繁使用变量 i 和 sum，因此定义成寄存器变量，当 n 足够大时，可以节约不少执行时间。

3. 静态局部变量

如果使用 static 来声明局部变量，那么就可以将局部变量指定为静态局部变量（static）。static 使得局部变量具有静态存储期，所以它的生存期与全局变量一样，存储空间直到程序结束才释放，例如：

```c
#include <stdio.h>
void func(void);
void func(void)
{
    static int count=0;
    printf("count = sd\n", count);
    count++;
}
int main(void)
{
    int i;
    for (i=0;i<10;i++)
    {
        func();
    }
}
```

静态局部变量如图 7-15 所示。

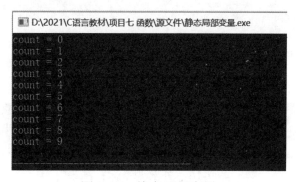

图 7-15　静态局部变量

分析：count 原本是一个普通的局部变量，但当我们在前面使用 static 进行描述后，它就大不相同了。这里 count 只初始化一次，并且每次执行完 func 函数，count 所占的存储空间均不会被释放，因此它能够"记住"上一次保存的值。注意，因为这里 count 是静态局部变量，所以它只初始化一次，再次执行 func 函数，并不会重复初始化 count。另外，虽然静态局部变量具有静态存储期，但它的作用域仍然是局部变量，所以在别的函数中是无法直接使用变量名对其进行访问的。

4. 外部变量

如果外部变量不在文件的开头定义，那么其有效的作用范围只限于从定义处到文件结束。在定义点之前的函数不能引用该外部变量。如果由于某种考虑，在定义点之前的函数需要引用该外部变量，则应该在引用之前用关键字 extern 对该变量作"外部变量声明"，表示把该外部变量的作用域扩展到此位置。有了此声明，就可以从"声明"处起，合法地使用该外部变量。例如：调用函数，求 3 个整数中的大者如下。

```
# include <stdio.h>
main()
{
    int max();
    extern int A,B,C;                    //把外部变量A,B,C的作用域扩展到从此处开始
    printf("请输入三个整数：");
    scanf("%d%d %d",&A,&B,&C);           //输入3个整数给A,B,C
    printf("max is %d\n",max());
}
int A,B,C;                                //定义外部变量A,B,C
int max()
{
    int m;
    m=A>B？A:B;                           //把A和B中的大者放在m中
    if(C>m)m=C;                           //将A,B,C三者中的大者放在m中
    return(m);                            //返回m的值
}
```

外部变量运行结果如图 7-16 所示。

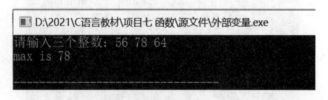

图 7-16 外部变量运行结果

这个例子很简单，主要用来说明使用外部变量的方法。由于定义外部变量 A、B、C 的位置在函数 main 之后，本来在 main 函数中是不能引用外部变量 A、B、C 的。现在，在 main 函数的开头用 extern 对 A、B、C 进行"外部变量声明"，把 A、B、C 的作用域扩展到该位置。这样在 main 函数中就可以合法地使用全局变量 A、B、C 了，用 scanf 函数给外部变量 A、B、C 输入数据。如果不作 extern 声明，编译 main 函数时就会出错，系统无从知道 A、B、C 是后来定义的外部变量。

由于 A、B、C 是外部变量，所以在调用 max 函数时用不到参数传递。在 max 函数中可直接使用外部变量 A、B、C 的值。

注意：提倡将外部变量的定义放在引用它的所有函数之前，这样可以避免在函数中多加一个 extern 声明。

用 extern 声明外部变量时，类型名可以写也可以省略。例如，"extern int A,B,C;"也可以写成"extern A,B,C;"。因为它不是定义变量，可以不指定类型，只需写出外部变量名即可。

任务实施

定义 3 个全局变量 s1、s2、s3，分别表示三个侧面积，而体积 v 由 return 语句返回。

```c
#include<stdio.h>
int s1,s2,s3;
int vs(int a,int b,int c)
{
    int v;
    v=a*b*c;
    s1=a*b;
    s2=b*c;
    s3=a*c;
    return v;
}
main()
{
    int v,l,w,h;
    printf("\n请输入长方体的长，宽，高\n");
    scanf("%d%d%d",&l,&w,&h);
    v=vs(l,w,h);
    printf("\nv=%d,s1=%d,s2=%d,s3=%d\n",v,s1,s2,s3);
}
```

任务 23 长方体的体积及侧面积运行结果如图 7-17 所示。

图 7-17　任务 23 长方体的体积及侧面积

任务总结

全局变量的作用范围是整个程序，所以无论是 main 函数还是 vs 函数，都可以对他进行访问和修改，相当于各个函数间有直接的传递通道。全局变量无疑拓宽了函数之间交流的渠道。

任务拓展　经典编程

有一个一维数组，存放 10 位学生成绩。编写一个函数，当主函数调用此函数后，能求出平均分、最高分和最低分。

（提示：调用一个函数可以得到一个函数返回值，现在希望通过函数调用得到 3 个结果，可以利用全局变量来达到此目的。）

项目总结

本项目介绍了编程语言和 C 语言的发展及特点，并通过两个任务实例分析了 C 语本项目共包含 3 个任务，主要介绍了函数的相关内容。详细介绍了如何实现模块化编程的方法，表现了模块化程序设计的优点和相关语法知识。

（1）函数的定义和调用。主要介绍了函数的类型、参数、返回值。在实现函数功能部分主要介绍了函数原型说明和调用的关系，深入了解了函数调用的一般形式和执行过程，以及函数调用时实参与形参之间的参数传递。理解形参和实参，理解函数参数传递的过程，能区分"值传递"和"地址传递"。

（2）通过函数的嵌套调用和递归调用，了解了自定义函数的全面内容以及递归在现实中的应用。掌握了函数嵌套调用和递归调用的程序设计方法。

（3）通过变量的作用域，了解了变量的作用域范围的分划。理解局部变量、全局变量的存储类别概念。在变量的存储类别这一部分知道了为了实现高效的程序设计，对变量的动态存储和静态存储的分类。

达标检测

一、填空题

1. 定义函数时所用的参数称为_____，在调用函数时所用的参数称为_____。

2．当_____做函数参数时，实参与形参的传递为"地址传递"。

3．根据变量的作用范围不同，可将变量分为_____变量和_____变量；根据变量生存期的不同，可以将变量分为 _____变量和_____变量。

4．无返回值的自定义函数的数据类型符是_____。

5．调用函数是参数的传递分为_____和_____。

二、写出下列程序的运行结果

1．
```c
#include <stdio.h>
void func(void);
int a,b=520;
void func(void)
{
    int b;
    a=880;
    b=120;
    printf("In func, a =%d,b=%d\n", a, b);
}
main(void)
{
    printf ("In main, a = %d, b = %d\n", a, b) ;
    func();
    printf ("In main, a = %d, b = %d\n", a, b);
}
```

2．
```c
#include <stdio.h>
void swap(int x, int y);
void swap(int x, int y)
{
    int temp;
    printf("In swap,互换前：x=%d,y=%d\n",x,y);
    temp=x;
    x=y;
    y=temp;
    printf("In swap,互换后：x=%d, y = %d\n", x, y);
}
main()
```

```
{
    int x=3,y=5;
    printf("In main,互换前：x= %d, y =%d\n", x,y);
    swap(x,y);
    printf("In main,互换后：x =%d,y =%d\n", x, y);
}
```

3.
```
#include<stdio.h>
void prtv(int x)
{
    printf("%d\n",x*x);
}
main()
{
    int a=25;
    prtv(a);
}
```

4.
```
#include<stdio.h>
int min(int x,int y)
{
    return x<y？x:y;
}
main()
{
    int i,j,k;
    i=10;j=15;k=10*min(i,j);
    printf("%d\n",k);
}
```

5.
```
#include<stdio.h>
void fun2(char a,char b)
{
    printf("%c%c",a,b);
}
char a='A',b='B';
void fun1()
{
    a='C';
    b='D';
```

```
    }
main()
{
    fun1();
    printf("%c%c",a,b);
    fun2('E','F');
}
```

三、编程题

1．编写程序定义一个可以求长方形面积的函数。

2．编写一个函数，在一个整数序列中查找某个整数。若存在，返回该整数在序列中的位置；否则返回-1。要求在主函数中调用，输出结果。

项目 8

利用指针灵活处理程序

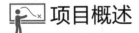

项目概述

　　指针是 C 语言的精华部分。正确并灵活地运用指针可以有效表示复杂的数据结构，方便使用字符串、数组和机器语言所能完成的功能，从而使程序清晰、简洁，并生成紧凑、有效的代码。

学习目标

　　【知识目标】掌握指针与指针变量的概念；掌握如何使用指针引用数组中的数据，了解指针与函数的关系。

　　【技能目标】会用指针高效处理问题。

　　【素养目标】培养学生合作共享，团队合作的意识。

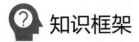

知识框架

任务 24

按大小顺序输出数值——指针和指针变量

任务描述

输入 a 和 b 两个整数，要求使用指针按由大到小的顺序输出 a 和 b。

任务分析

用指针方法来处理这个问题。不交换整型变量的值，而是交换两个指针变量的值。

知识准备

8.1 指针和指针变量

1. 指针和指针变量的概念

为了理解指针的原理，首先需要弄清楚数据在内存中是如何进行存储和读取的。如果在程序中定义了一个变量，在对程序进行编译时，系统会自动给这个变量分配内存单元。编译系统根据程序中定义的变量类型，分配一定大小的内存空间。例如，整型变量分配 4 字节，单精度浮点型变量分配 4 字节，字符型变量分配 1 字节。内存空间的每一字节都有一个编号，这就是"地址"，它相当于宾馆的房间号。在地址所对应的内存单元中存放数据则相当于在房间居住的旅客。

由于通过地址就能找到所需的变量单元，可以说，地址指向该变量单元。比如，一个房间的门牌号是 2021，那么这个 2021 就是房间的地址，或者说 2021 "指向"该房间。因此，将地址形象化地称为"指针"，通过它能找到以它为地址的内存单元。由于系统对变量及地址建立了逻辑关系，因此尽管系统是根据地址对存储空间进行存取操作的，但用户只需根据变量名就可以实现对存储空间的访问，这种方式称为"直接访问"方式。例如：

```
int a;
a=34;
```

还可以采用另一种"间接访问"的方式，即将变量 i 的地址存放在另一变量中，然后通过该变量找到变量 i 的地址，从而访问变量 i。如果将变量 i 的地址 2000 存放到一个变量 p 中，即 p 的值为 2000，这样通过变量 p 即可找到变量 x 的地址，从而找到 a 的值。存放地址的变量 p 就是指针变量。可以形象地说，p 指向 x。

比如，为了打开 A 抽屉，有两种办法，一种办法是将 A 钥匙带在身上，需要时直接找出该钥匙打开抽屉，取出所需物品。即"直接访问"。另一种办法是将 A 钥匙放到 B 抽屉中锁起来，如果需要打开 A 抽屉，就需要先找出 B 钥匙，打开 B 抽屉，取出 A 钥匙，再打开 A 抽屉，取出 A 抽屉中的物品，这就是"间接访问"。

通过地址能找到所需的变量单元，因此说，地址指向该变量单元（如同说，一个房间号"指向"某一个房间）。将存储空间的首地址也就是变量的地址形象化地称为"指针"。有一个变量专门用来存放指针，则该变量称为"指针变量"。指针变量就是地址变量，用来存放地址，指针变量的值是地址（指针）。

注意：区分"指针"和"指针变量"这两个概念。例如，可以说变量 i 的指针是 2000，而不能说 i 的指针变量是 2000。指针是一个地址，而指针变量是存放地址的变量。

2. 定义指针变量

定义指针变量的一般形式为：

类型名 *指针变量名；

例如：

```
int *pa;
char *pb;
```

上例中左侧的 int、char 是在定义指针变量时必须指定的"基类型"，指针变量的基类型用来指定此指针变量可以指向的变量的类型。

在定义指针变量时要注意以下 4 点。

（1）指针变量前的"*"表示该变量为指针型变量。指针变量名是 pa 和 pb，而不是 *pa 和 *pb。这与定义整型或实型变量的形式不同，其可以写为：

```
pa=&a;
pb=&b;
```

而不能写成：

```
*pa=&a;
*pb=&b;
```

因为 a 的地址是赋给指针变量 pa，而不是赋给*pa。

（2）在定义指针变量时必须指定基类型。一个变量的指针含义包括两个方面，一方面是以存储单元编号表示的纯地址（如编号为 2000 的字节），另一方面是它指向的存储单元的数据类型（如 int、char、float 等）。在说明变量类型时不能说"a 是一个指针变量"，而应完整地说"a 是指向整型数据的指针变量，b 是指向单精度浮点型数据的指针变量，c 是指向字符型数据的指针变量"。

（3）如何表示指针类型。指向整型数据的指针类型表示为"int*"，读作"指向 int 的指针"或简称"int 指针"。可以有 **int***、**char***、**float***等指针类型，如上面定义的指针变量 pa 的类型是"int*"，pb 的类型是"char*"。int*、char*、float*是三种不同的类型。

（4）指针变量中只能存放地址（指针），不要将一个整数赋给一个指针变量。例如：

```
*pointer_1=100;          // pointer_1是指针变量，100是整数，不合法
```

原意是想将地址 100 赋给指针变量 pointer_1，但是系统无法辨别它是地址，从形式上看 100 是整常数，而整常数只能赋给整型变量，而不能赋给指针变量，判为非法。在程序中是不能用一个数值代表地址的，地址只能用地址符"&"得到并赋给一个指针变量，如"p=&a;"。

3. 指针变量的操作

（1）指针操作的运算符。C 语言提供了两种与指针有关的运算符：取地址运算符"&"和取值运算符"*"（或称"间接访问"运算符），如&a 是变量 a 的地址，*p 代表指针变量 p 指向的对象。例如：

```
int x=1,y=2;
int *ip;
ip=&x;                   /* ip现在指向x */
y=*ip;                   /*y现在的值为1 */
```

说明：

① 第一行语句定义 x、y 是整数类型的变量并赋初值。第二行语句定义 ip 是指针变量，注意它还没有指向任何变量，如图 8-1（a）所示。第三行语句中&x 表示取变量 x 的地址，然后赋给指针变量 ip，即 ip 指向 x。第四行语句中*ip 表示指针变量 ip 所指向的变量，即 x。将*ip(或 x)的值赋给变量 y，所以 y 的值为 1，如图 8-2（b）所示。

② 本例中第二行语句和第四行语句中均出现*ip，请区分它们的不同含义。int *ip;

表示定义指针变量 ip，它前面的"*"只是表示该变量为指针变量，而 y=*ip 中*ip 代表的是变量，即指针变量 ip 所指向的变量 x。

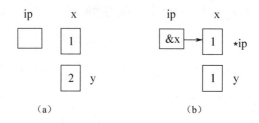

图 8-1　指针变量

③ 第三行"ip=&x"，注意不要写成"*ip=&x"，因为 x 的地址是赋给指针变量 ip，而不是赋给整型变量*ip。

（2）指针变量的引用。在引用指针变量时，可能有 3 种情况：

① 给指针变量赋值，如：

```
p=&a;                    //把a的地址赋给指针变量p
```

指针变量 p 的值是变量 a 的地址，p 指向 a。

② 引用指针变量指向的变量。如果已执行"p=&a;"，即指针变量 p 指向了整型变量 a，则

```
printf("%d", *p);
```

其作用是以整数形式输出指针变量 p 所指向的变量的值，即变量 a 的值。如果有以下赋值语句：

```
* p=l;
```

表示将整数 1 赋给 p 当前所指向的变量，如果 p 指向变量 a，则相当于把 1 赋给 a，即；"a=1；"。

③ 引用指针变量的值，如：

```
printf("%o", p);
```

作用是以八进制数形式输出指针变量 p 的值，如果 p 指向了 a，就是输出了 a 的地址，即&a。

（3）指针的运算。指针变量既可以在定义时赋初值，也可以在定义后赋初值，但应注意，指针变量必须赋值后才能使用。引用未赋初值的指针存取值，可能导致无法预料的错误。若暂时不用，可先为它赋初值 NULL，NULL 是一个符号常量，定义于在头文件 stdio.h 中，其定义格式为：

```
#define NULL    0
```

① 赋值运算。通过赋值表达式，将同类型的变量地址赋给指针，如：

```
int k, *r, *s=&k;
r=s;                        /*指针r、s同时指向变量k*/
```

② 算术运算（加减运算）。指针的运算包括增/减量运算，通常用于指向数组元素的指针变量。指针运算/增/减量的单位是1。

指针增1后，指针变量指向数组的后一个元素；指针减1后，指向数组的前一个元素。相应地，指针变量的值——地址值，其增/减量的单位是指针所指数据类型的长度（字节数）。指针变量的值应该增加或减少"$n \times sizeof$（指针类型）"。

两个地址相加是无意义的，但两个指针相减在一定条件下是有意义的。例如，指向同一个数组中不同元素的指针相减，得到两个指针所间隔的元素个数。

例如：

```
double k[10], *r, *s=k;
r=& k[1];/*此时，s 指向k[0]，r指向k[1]*/
printf("r-s=%d \n", r-s );
printf("s=%x, r=%x\n", s, r);
```

指针运算运行结果如图 8-2 所示。

说明指针变量加 1 后，地址值增加 8 字节（sizeof(double) 等于 8）。

图 8-2　指针运算运行结果

③ 关系运算。与普通变量一样，指针可以进行关系运算，指向同一数组的两个指针变量进行关系运算时，可表明它们所指数组元素之间的关系。

例如，下面两个指针变量：

```
p1==p2;        /*表示p1和p2指向同一数组元素*/
p1>p2;         /*表示p1处于高地址位置*/
p1<p2;         /*表示p2处于高地址位置*/
```

注意：在进行关系运算之前，指针必须指向确定的变量或存储区域，即指针有初始值。另外，只有相同类型的指针才能进行比较。

📄 任务实施

输入 a=45、b=78，由于 a<b，将 p1 和 p2 交换，交换前的情况如图 8-3（a）所示，交换后的情况如图 8-3（b）所示。

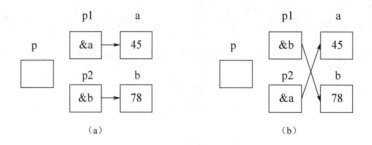

图 8-3　任务实施分析图

```
#include<stdio.h>
main()
{
    int *p1,*p2,*p,a,b;
    printf("请输入两个整数：");
    scanf("%d   %d",&a,&b);
    p1=&a;
    p2=&b;
    if(a<b)
    {p=p1;p1=p2;p2=p; }
    printf("a=%d,b=%d\n",a,b);
    printf("max=%d,min=%d\n",*p1,*p2);
}
```

任务 26 运行结果如图 8-4 所示。

图 8-4　任务 26 运行结果

📋 任务总结

　　a 和 b 的值并未交换，它们仍保持原值，但 p1 和 p2 的值已改变。p1 的值原为&a，后来变成&b，p2 原值为&b，后来变成&a。这样，在输出*p1 和*p2 时，实际上是输出变量 b 和 a 的值，所以先输出 78，然后输出 45。

🧠 任务拓展　经典编程

　　以下程序运行后的输出结果是什么？

```
#include<stdio.h>
main()
```

```
{
    int m=1,n=2;
    int *p=&m,*q=&n,*r;
    r=p;p=q;q=r;
    printf("%d,%d,%d,%d\n",m,n,*p,*q);
}
```

任务 25

逆序输出——指针与数组

任务描述

从键盘输入 10 个整数，要求使用指针将 10 个元素逆序输出。

任务分析

可以使用数组 a[10]存放输入的 10 个整数，使用指针变量 p 输出数组元素时，先将指针 p 指向数组的最后一个元素，然后在循环中用 p--实现指针从数组的最后一个元素逐步移动到第一个元素，最后实现数组元素的逆序输出。

知识准备

8.2 指针与数组

存放在内存中的变量是有地址的，存放在内存中的数组也同样具有地址。对数组来说，数组名就是数组在内存存放的首地址。指针变量是用于存放变量的地址，可以指向变量，当然也可存放数组的首地址或数组元素的地址，这就是说，指针变量可以指向数组或数组元素。对数组而言，数组和数组元素的引用，也同样可以使用指针变量。下面分别介绍指针与不同类型的数组之间的关系。

1. 指向一维数组的指针

指针变量可以指向数组或数组元素，即把数组的起始地址或某个元素的地址存放到

一个指针变量中。假设定义一个一维数组，该数组在内存中会由系统分配一个存储空间，其数组的名字就是数组在内存的首地址。若再定义一个指针变量，并将数组的首地址传给指针变量，则该指针就指向了这个一维数组。我们说数组名是数组的首地址，也就是数组的指针，而定义的指针变量就是指向该数组的指针变量。对一维数组的引用，既可以用传统的数组元素的下标法，也可使用指针法表示。例如，定义指针 p 指向一维整型数组 a[10]，可进行如下操作：

```
int a[10];
int *p;                    /*定义数组与指针变量*/
```

若执行赋值操作：

```
p=a; 或p=&a[0];
```

则 p 就得到了数组的首地址。其中，a 是数组名，它代表数组的首地址，&a[0]是数组元素 a[0]的地址，由于 a[0]的地址就是数组的首地址，所以两个赋值语句的效果完全相同。指针变量 p 就是指向数组 a 的指针变量，即指向 a 的第一个元素 a[0]。此外，p+1 指向下一个元素，p+i 指向 p 后的第 i 个元素 a[i]，如图 8-5 所示。

a[0]	a[1]	a[2]	a[3]	a[4]

地址：　p　　　　p+1　　　　p+2　　　　p+3　　　　p+4

图 8-5　指向数组的指针

无论某个数组元素占据多少存储空间（即元素长度，设为 len），当指针 p 指向其中一个元素时，p+1 均是指向它的下一个元素，而不是 p+len。所以*(a+i)、*(p+i)表示为数组的各元素即等价于 a[i]。指向数组的指针变量也可用数组的下标形式表示为 p[i]，其效果等价于*(p+i)。

例如，有一个整型数组 a，有 10 个元素，要求输出数组中的全部元素。

解题思路：引用数组中各元素的值有 3 种方法：（1）下标法，如 a[3]；（2）通过数组名计算数组元素地址，找出元素的值；（3）用指针变量指向数组元素。分别用以上三种方法写出程序并比较分析。

（1）下标法。

```
#include<stdio.h>
main()
{
    int a[10];
    int i;
    pritnf("请输入10个整数：");
```

```
        for(i=0;i<10;i++)
            scanf("%d",&a[i]);
        for(i=0;i<10;i++)
            printf("%d ", a[i]);      //数组元素用数组名和下标表示
        printf("\n");
    }
```

下标法运行结果，如图 8-6 所示。

图 8-6　下标法运行结果

（2）通过数组名计算数组元素地址，找出元素的值。

```
    #include<stdio.h>
    main()
    {
        int a[10];
        int i;
        pritnf("请输入10个整数：");
        for(i=0;i<10;i++)
            scanf("%d",&a[i]);
        for(i=0;i<10;i++)
            printf("%d ",*(a+i));      //通过数组名和元素序号计算元素地址，再找到该元素
        printf("\n");
    }
```

运行结果：与（1）相同。

分析：第 10 行中(a+i)是 a 数组中序号为 i 的元素的地址，*(a+i)是该元素的值。第 8 行中用&a[i]表示 a[i]元素的地址，也可以改用 a+i 表示，即：

```
    scanf("%d",a+i);
```

（3）用指针变量指向数组元素。

```
    # include <stdio. H>
     main()
    {
        int a[10];
        int *p, i;
        printf("请输入10个整数：");
        for(i=0;i<10;i++)
            scanf("%d",&a[i]);
```

```
    for(p=a;p<(a+10);p++)
        printf("%d ",*p);          //用指针指向当前的数组元素
    printf("\n");
}
```

运行结果：与（1）相同。

程序分析：第 9 行先使指针变量 p 指向 a 数组的首元素（序号为 0 的元素，即 a[0]），接着在第 10 行输出*p，*p 就是 p 当前指向的元素（即 a[0]）的值。然后执行 p++，使 p 指向下一个元素 a[l]，再输出*p，此时*p 是 a[l]的值，依此类推，直到 p=a+10，此时停止执行循环体。

第 7.8 行可以改为：

```
    for(i=0;i<10;i++)
        scanf("%d",p);
```

用指针变量表示当前元素的地址。

三种方法的比较：

第（1）种和第（2）种方法执行效率是相同的。第（3）种方法比前两种方法快，用指针变量直接指向元素，不必每次都重新计算地址，这种有规律地改变地址值（p++）能大大提高执行效率。

在使用指针变量指向数组元素时，需要注意以下几个问题：

（1）可以通过改变指针变量的值指向不同的元素，如上述第（3）种方法是用指针变量 p 来指向元素，用 p++使 p 的值不断改变从而指向不同的元素。

（2）要注意指针变量的当前值。

2. 指向二维数组的指针

C 语言并没有真正意义上的二维数组，在 C 语言中，二维数组的实现，只是简单地通过"线性扩展"的方式进行的，如 int a[4][3]，是把 a 看作由 4 个元素 a[0]、a[1]、a[2]、a[3]组成的一维数组，而每个元素 a[i]表示一行，又都是具有 3 个元素的一维数组，a[0]表示第 1 行的首地址，a[1]表示第 2 行的首地址，a[2]表示第 3 行的首地址，如下所示。

a[0]　　{a[0][0],a[0][1],a[0][2]}

a[1]　　{a[1][0],a[1][1],a[1][2]}

a[2]　　{a[2][0],a[2][1],a[2][2]}

a[3]　　{a[3][0],a[3][1],a[3][2]}

因此，也可以把 a[i]（i=0,1,2,3）看作这些一维数组的数组名或地址。

a+0 或 a   等价于   &a[0]

a+1   等价于   &a[1]

a+2   等价于   &a[2]

＊a 或＊（a+0）   等价于   a[0]

＊（a+1）   等价于   a[1]

＊（a+2）   等价于   a[2]

即＊（a+i）等价于 a[i]，a+i 等价于&a[i]。

a[i]+j   等价于   &a[i][j]   (0<=j<=3)

＊(a[i]+j)   等价于   a[i][j]

所以＊（a+i）+j 等价于&a[i][j]，＊(＊(a+i)+j)等价于 a[i][j]。

如输出二维数组的各元素。

```c
#include<stdio.h>
main()
{
    static int a[][4]={{4,5,7,11},{7,4,9,12},{8,21,45,9}};
    int i,j;
    for(i=0;i<3;i++)
    {
        for(j=0;j<4;j++)
            printf("%5d",*(*(a+i)+j));
        printf("\n");
    }
}
```

输出二维数组的各元素，程序运行结果如图 8-7 所示。

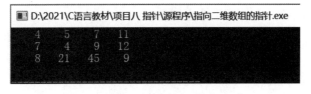

图 8-7 输出二维数组的各元素

3. 指向字符串的指针

在 C 语言中，字符串是用字符数组来存放的。因此，在对字符串操作时，可以定义字符数组，也可以定义字符指针（指向字符型数据的指针）来存取所需字符，如：

```c
char string[]="this is C world";
char *pstr="this is a string";
```

其中，string 是一个一维数组变量，能保存字符序列"this is C world"，string 代表数组的首地址，是常量，其值不能改变；而 pstr 则是一个指向字符的指针变量，它被初始化以指向一个字符串常量，其值为该字符串常量的地址。pstr 的值可以改变，即指针 pstr 可以改为指向另一个字符串数据。

利用字符指针访问字符串，如：

```
#include<stdio.h>
main()
{
  char str[]="A String";
  char *p;
p=str;
while(*p)
  putchar(*p++);
}
```

运行结果：

```
A String
```

分析：用 while 语句输出字符串"A String"。当循环条件表达式的值为零时循环结束。在这里是当*p 等于'\0'（字符串的结束标志）时循环结束，所以该条件表达式也可以表示成：*p!='\0'。

任务实施

使用数组存放输入的 10 个整数，在输入数组值时，用 a+i（数组名 a 加变量 i）实现数组元素的移动，完成所有数组元素的输入。在输出数组元素时，使用指针 p 指向数组的最后一个元素，依次向前，实现逆序输出。

```
#include<stdio.h>
main()
{
    int a[10],i,*p;
    printf("请输入10个整数：");
    for(i=0;i<=9;i++)
    scanf("%d",a+i);
    printf("逆序输出这10个数：");
    for(p=a+9;p>=a;p--)
    printf("%d   ",*p);
    printf("\n");
}
```

运行程序，任务 27 的输出结果如图 8-8 所示。

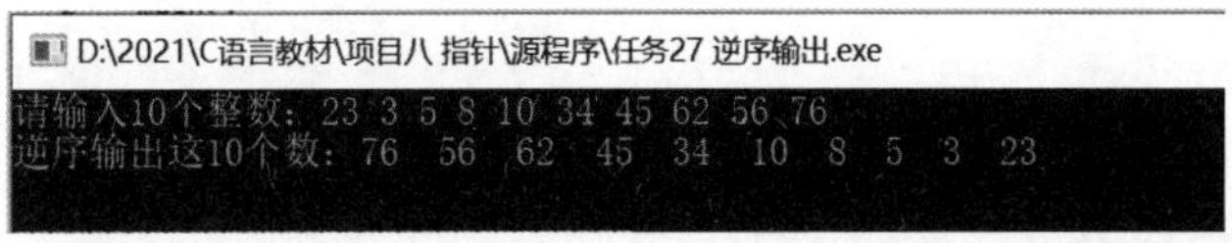

图 8-8　任务 27 的输出结果

任务总结

使用指针变量 p 来指向元素，用 p++ 使 p 的值不断改变从而指向不同的元素，这种有规律地改变地址值（p++）能极大提高执行效率。p++ 表示 p 当前所指向的元素值加 1。

任务拓展　经典编程

编写程序，输出数字按以下方式排列。

```
12345
2345
345
45
5
```

使用函数顺序输出——指针与函数

任务描述

输入两个整数，按先大后小的顺序输出，要求用函数处理，并用指针类型的数据作函数参数。

任务分析

定义一个函数 swap，将指向两个整型变量的指针变量（内放两个变量的地址）作为实参，传递给 swap 函数的形参指针变量，在函数中通过指针交换两个变量的值。注意是交换 a 和 b 的值，保持指针 p1 和 p2 的值不变。

知识准备

8.3 指针与函数

1. 指针变量作为函数参数

在 C 语言中，函数的参数传递方式有两种：传递值和传递地址。前面讲过的整型数据、实型数据或字符型数据等都可以作为函数参数进行传递，这些类型数据传递的是变量的值，那么就称它为"传递值"方式。指针变量的值是一个地址，指针变量作函数参数时，传递的是一个指针变量的值，但这个值是另外一个变量的地址，因此，这种把变量的地址传递给被调用函数的方式称为"传递地址"方式。

例如，利用指针作函数参数，将输入的两个整数值交换后输出：

```c
#include<stdio.h>
void swap(int *px,int *py)
{
    int temp;
    temp=*px;
    *px=*py;
    *py=temp;
}
main()
{
    int x,y;
    int *p1,*p2;
    scanf("%d,%d",&x,&y);
    printf("x=%d,y=%d\n",x,y);
    p1=&x;p2=&y;
    swap(p1,p2);
    printf("x=%d,y=%d\n",x,y);
}
```

运行结果：输入 5，9

输出：

```
x=5,y=9
x=9,y=5
```

说明：

① 函数 swap 是用户自定义的函数，它的作用是交换两个指针变量（形参 px 和 py）所指向的变量的值（x 和 y 的值）。

② 主函数中定义了两个整型变量 x 和 y，两个指针变量 p1 和 p2，然后输入 x 和 y 的值（5 和 9），并且输出以便与交换后再输出形成对比。

③ 赋值语句 p1=&x;和 p2=&y;的作用是使 p1 指向整型变量 x，p2 指向整型变量 y。

④ 在执行 swap 函数时，将实参变量 p1 和 p2 的值（x 和 y 的地址）传递给形参变量 px 和 py（注意 px 和 py 也必须是指向整数类型的指针变量），这样 px 和 py 的值实际上就是整型变量 x 和 y 的地址。在函数执行过程中，通过三条赋值语句使*px 和*py 的值互换，也就使指针变量 px 和 py 所指向的变量 x 和 y 的值互换。函数执行完后，函数中的形参变量 px 和 py 不存在，但变量 x 和 y 仍然存在。

⑤ 最后 printf 函数输出 x 和 y 的值是交换后的值。

⑥ 函数 swap 没有返回值，但在主函数中得到了两个被改变的变量的值。

2. 返回指针值的函数

一个函数的类型是由其返回值类型决定的，若函数返回值类型为整型（int），则称它为整型函数。同理，如果一个函数的返回值为指针，则称它为返回指针值的函数或指针函数；定义指针函数与定义指针变量一样，在类型后边加一个*即可。指针函数的一般定义形式为：

类型标识符*函数名（形参表）

{函数体}

其中"类型标识符"表示函数返回的指针所指向的类型，函数名前的"*"表示此函数的返回值是指针值。

例如，编写函数，求一维数组中的最大数。

```
#include<stdio.h>
int *max(int a[ ],int n)
{
int *p, i;
for (p=a, i=l;i<n;i++)
  if(*p<a[i]) p=a+i;
return(p);
    }
main()
{
```

```
        int a[10],*q,i;
        for(i=0;i<10;i++)
            scanf("%d,",&a[i]);
        q=max(a,10);
        printf("\nmax=%d",*q);
    }
```

运行结果：

```
45，9，19，20，7，68，92，69，29，17
max=92
```

说明：函数 max 中定义指针变量 p，使 p 指向数组中的最大数，最后返回指针变量 p 的值（地址）到主函数中。

3. 指向函数的指针

前面讲的指针函数的本质是函数，现在来学习函数指针，函数指针的本质是指针。函数在编译时也会分配一片存储区域，它有一个起始地址，即函数的入口地址，这个入口地址称为函数的指针。

与数组指针一样，使用小括号将函数和前边的星号括起来，就是一个函数指针。指针函数和函数指针的描述方式为：

指针函数　int *p ();

函数指针　int (*p) ();

从本质上来说，函数表示法就是指针表示法。因为函数的名字经过求值会变成函数的地址，所以在定义了函数指针后，给它传递一个已经被定义的函数名，即可通过该指针进行调用，例如：

```
#include <stdio.h>
int square (int num);
int square (int num)
{
    return num*num;
}
main(void)
{
    int num;
    int (*fp) (int);
    printf("请输入一个整数：");
    scanf("%d", &num);
    fp = square;
```

```
        printf ("%d * %d = %d\n", num, num, (*fp)(num));
    }
```

运行结果：

> 请输入一个整数：5
> 5*5= 25

注意：

（1）fp=square 可以写成 fp=&square。

（2）(*fp)(num)可以写成 fp(num)。

任务实施

swap 是用户自定义函数，它的作用是交换两个变量（a 和 b）的值。swap 函数的两个形参 p1 和 p2 是指针变量。指针变量 p1 和 p2 的值不变，交换的只是变量 a 和 b 的值。

```c
# include <stdio. h>
main()
{
    swap(int * p1,int * p2);
    int a， b;
    int * pointer_1， * pointer_2;
    printf("请输入 a 和 b的值： ")；
    scanf("%d， %d"， &a， &b);
    pointer_1=&a;
    pointer_2= &b;
    if (a<b)    swap(pointer_1， pointer_2);
    printf("max= %d， min=%d\n"， a， b);
}
void swap(int * p1 , int * p2)
{
    int temp;
    temp= * p1;
    *p1= * p2;
    *p2 = temp;
}
```

运行结果：

> 请输入a和b的值：5， 9
> max=9,min=5

任务总结

执行 swap 函数后，变量 a 和 b 的值改变了，这个改变并非通过将形参传回实参实现，所以不能企图通过改变指针形参的值而使指针实参的值改变。

任务拓展　经典编程

输入 3 个整数 a、b、c，要求按由大到小的顺序将其输出，用函数实现。

项目总结

指针是 C 语言的重要组成部分，本项目主要介绍了指针和指针变量、指针与数组及指针与函数三个方面的内容。

（1）指针和指针变量。指针就是地址，而指针变量是用来存放地址的变量。有说法称指针是类型名，指针的值是地址，这种说法不对。类型是没有值的，只有变量才有值，正确的说法是指针变量的值是一个地址。不要杜撰出"地址的值"这样莫须有的名词，地址本身就是一个值。

（2）掌握在数组的操作中正确使用指针，确定指针的指向。一维数组名代表数组首元素的地址。指针变量的运算是指向的变量的存储单元的字节数的加减，指针变量可以有空值。

（3）指针函数和函数指针要区分开。在函数的形式参数中可以使用数组名作为参数。但这时的数组名实际上是一个指针变量，系统并不为这个形参数组分配具体存储单元，而是与实参数组共用一片空间。

达标检测

一、填空题

1. 若已定义"int *p,a;"，则语句"p=&a"中的运算符"&"的含义是_____。

2. 若有"int a[5],*p=a;"则 a+2 表示第_____个元素的地址。

3. 若有定义语句"int *p[4];"，则与此语句等价的是_____。

4. 下面程序段的输出结果是_____。

```
char str[]="ABCD",*p=str;
pritnf("%d\n",*(p+4));
```

5. 下面程序段的输出结果是_____。

```
#include<stdio.h>
main()
{
    int a[0]={1,2,3,4,5,6,7,8,9,10};
    int *p=a;
    printf("%d\n",*(p+2));
}
```

二、写出下列程序的运行结果

1.
```
#include <stdio.h>
main()
{
        char str[][20]={"One*World", "One*Dream!"},*p=str[1];
        printf ("%d, ", strlen(p)) ;
        printf ("%s\n", p);
}
```

2.
```
#include <stdio.h>
char*f(char*s)
{
        char *p=s;
        while(*p!='\0') p++;
        return(p-s);
}
main()
{
        printf("%d\n", f("ABCDEF"));
}
```

3.
```
#include<stdio.h>
void fun(int *a,int *b)
{
        int *k;
        k=a;a=b;b=k;
}
    main()
```

```
    {
        int a=3,b=6,*x=&a,*y=&b;
        fun(x,y);
        printf("%d %d\n", a,b);
    }
```

4．
```
#include<stdio.h>
main()
{
    int a[]={2,4,6,8,10};
    int y=1,x,*p;
    p=&a[1];
    for(x=0;x<3;x++)
    y+=*(p+x);
    printf("%d\n",y);
}
```

5．
```
#include<stdio.h>
void fun(int *x,int *y)
{
    printf("%d %d",*x,*y);
    *x=3;*y=4;
}
main()
{
    int x=1,y=2;
    fun(&y,&x);
    printf("%d %d",x,y);
}
```

三、编程题

1．用指针输入／输出二维数组中所有元素。

2．编写一个函数，求一维数组中的最大数。

项目 **9**

使用结构体与共用体打包处理数据

📽 项目概述 ···

　　在项目六中，曾经用数组来组织具有相同数据类型的批量数据，但在解决实际问题时，数据可能更为复杂。例如，在学生信息表中，可能包含姓名、性别、年龄等信息，它们的数据类型分别是字符串型、字符型、整型。很显然，这些有着密切联系的不同类型的数据是无法用简单的数组来存储的，这时候需要用一种新的数据类型——结构体。

　　有时，数据统计的需求可能面临分支情况。例如，某地对下岗工人再就业情况进行统计。其中，姓名、性别是基本信息，但对于就业状况信息统计，如果找到了工作，则记录工作单位（字符串型）；如果还没找到工作，则记录失业月数（整型）。工作单位和失业月数这两种不同的数据类型需要存储在同一存储空间内，这时候需要另一种新的数据类型——共用体。

◎ 学习目标 ···

　　【知识目标】掌握结构体类型的定义方法；掌握结构体变量的使用方法；掌握结构体数组的使用方法；了解共用体类型的定义方法；了解共用体变量的使用方法。

　　【技能目标】会用结构体和共用体打包处理数据。

　　【素养目标】培养学生努力拓展思维，理论与实际相结合的思维习惯。

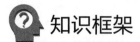 知识框架

任务27

入学信息统计——结构体

任务描述

编写程序，统计学生入学信息：姓名、性别、中考语数英各科成绩，计算出总成绩（为简化输入过程，假设有5名学生）。

任务分析

本任务中，学生的各项信息类型不同。例如，姓名可定义成字符串，性别可定义成字符型，成绩可定义成整型。此时，需要使用一种新的数据类型来打包处理这些数据，这就可以用结构体来实现。

知识准备

9.1 结构体类型

1. 结构体的概念

结构体是一种构造数据类型，它是由若干个相关的不同类型的数据，组合在一起构成的一种数据结构。例如，要表示一个学生的基本信息，应包含以下数据项：

姓名（char name[20]）

性别（char sex）

班级（int classes）

年龄（int age）

家庭住址（char add[40]）

按照这些数据项将信息添加上去，就可以生成一张学生的信息表，见表 9-1。

表 9-1　学生信息

姓　　名	性　　别	班　　级	年　　龄	家 庭 住 址
张鹏	男	19	16	青岛市华城路小区

虽然这些数据项的数据类型不完全相同，但都与学生相关，每个数据项反映该学生的某个属性或特征，如果分别定义、单独使用，就不能反映它们之间的相互联系。因此，最好把它们组合成一个整体，定义成一种新的数据类型——结构体类型。

实际上，根据不同的需要可以构造出许多类似这样的结构体类型。例如，要表示一台笔记本电脑的信息，可能包含以下信息：品牌、型号、处理器、内存容量、硬盘容量、屏幕尺寸、显卡等，这些信息也会使用不同的数据类型，但这些信息都与笔记本电脑相关，这时就可以将其定义成结构体类型。

2. 结构体类型的定义

定义一个结构体类型的一般形式为：

```
struct  结构体名
{
成员表列;
};
```

说明：

（1）"struct"是 C 语言的关键字，"结构体名"是结构体的标识符，它的命名遵循标识符的命名规则。

（2）"成员表列"是结构体类型中的各数据项成员，它们通常是由一些基本数据类型的变量所组成，有时也包含一些复杂的数据类型变量。

（3）定义完一个结构体类型之后，一定要用一个";"结束。

例如，可以将构造好的员工基本信息的结构体类型定义如下：

```
struct student
{ char name[20];
    char sex;
    int classes;
    int age;
    char add[40];
};
```

如果把其中的年龄信息改为出生日期，则需要在结构体内嵌套一个结构体：

```
struct date
{ int year,month,day};
struct student
{ char name[20];
   char sex;
   int classes;
   struct date birthday;    /*此处birthday为结构体类型date的变量*/
   char add[40];
};
```

这也说明了结构体类型可以将同一种类型的数据组织成一个整体。

9.2 结构体变量

1. 结构体变量的定义

定义结构体类型之后，就可以定义属于这个类型的结构体变量。结构体变量与其他变量一样，必须先定义，然后才能引用。结构体变量的定义有 3 种方式：

（1）先定义类型，再定义变量。这种定义的一般形式如下：

```
struct 结构体名
{
成员表列;
};
struct 结构体名 变量名列表;
```

例如：

```
struct student
{ char name[20];
   char sex;
   int classes;
   int age;
   char add[40];
};
struct student s1,s2;
```

在定义结构体类型时，系统并不为结构体类型分配内存空间，只有当定义结构体类型的变量时，系统才为每一个变量分配相应的存储单元。上面定义的 s1、s2 是 student 类型的结构体变量，以 s1 为例，它在内存中的分配情况如图 9-1 所示。

name	20 字节
sex	1 字节
classes	4 字节
age	4 字节
add	40 字节

图 9-1　s1 变量内存分配图

理论上讲，结构体变量的各个成员在内存中是连续存储的，但是在编译器的具体实现中，各个成员之间可能会存在缝隙，可以用如下程序，验证结构体变量所占内存。

```
#include <stdio.h>
main()
{struct student
{ char name[20];
    char sex;
    int classes;
    int age;
    char add[40];
};
struct student s1;
printf("%d",sizeof(s1));
}
```

sizeof 是字节运算符，是具有右结合性的单目运算符，与其他单目运算符一样，优先级为 2 级。程序运行结果是 72，并非 69，这是由于成员间存在的缝隙所致。

（2）定义类型的同时定义变量。这种定义的一般形式如下：

```
struct  结构体名
{
成员表列;
}变量名列表;
```

例如：

```
struct student
{ char name[20];
    char sex;
    int classes;
    int age;
    char add[40];
} s1,s2;
```

（3）直接定义变量。这种定义的一般形式如下：

```
struct
{
成员表列;
}变量名列表;
```

这种方法没有结构体名，常用于某种结构体类型只使用一次的场合，即不能在别处定义该结构体类型的其他变量。

2. 结构体变量的初始化

同其他类型的变量一样，结构体变量可以在定义阶段完成初始化，对其成员变量赋初值。结构体变量初始化的一般格式为：

```
struct  结构体类型名  结构体变量={初始化值};
```

例如，使用上文方法 1 定义 student 结构体类型后，可用以下语句为结构体变量 s1 赋初值：

```
struct student s1={"zhangpeng",'m',19,16,"qingdaohuachengluxiaoqu"};
```

说明：

（1）初始化数据直接用逗号隔开。

（2）初始化数据的个数一般与类型成员的个数相同。若小于成员数，则剩余成员将自动初始化为 0。

（3）初始化数据的类型要与相应成员变量的类型相同。

3. 结构体变量的引用

定义了结构体变量之后，就可以引用该变量。结构体变量作为一个整体可以做赋值运算。例如，刚才对结构体变量 s1 初始化之后，可以执行"s2=s1;"，这样对于分在同一班级的双胞胎极大简化了程序，只需对结构体变量的 name 元素再做修改即可。

对于结构体变量中的各个元素，可以做该元素所属数据类型允许的一切运算。引用结构体成员的形式为：

```
结构体变量名.成员名
```

其中"."为成员运算符，它的优先级为 1 级。

例如，刚才的双胞胎问题，执行完"s2=s1;"，可以再使用以下语句：

```
strcpy(s2.name,"zhanglei");
```

以下程序可以实现输出结构体变量 s2 的各项信息:

```c
#include <stdio.h>
#include <string.h>
main()
{struct student
{ char name[20];
  char sex;
  int classes;
  int age;
  char add[40];
}s1={"zhangpeng",'m',19,16,"qingdaohuachengluxiaoqu"},s2;
s2=s1;
strcpy(s2.name,"zhanglei");
printf("%s %c %d %d %s",s2.name,s2.sex,s2.classes,s2.age,s2.add);
}
```

程序输出结果:

zhanglei m 19 16 qingdaohuachengluxiaoqu

如果在一个结构体类型中还包含另一种类型的结构体变量,那么只能对最低层的成员进行引用,引用时就需要再加一个成员运算符"."。例如,在"结构体类型的定义"中,曾举例在结构体类型 student 中包括了属于结构体类型 date 的变量 birthday,那么引用的方式应该是 s2. birthday.year,而不能直接写 s2. birthday。

4. 类型定义符

在 C 语言中,除了可以直接使用标准类型名和用户自己定义的结构体、共用体外,还可以使用 typedef 声明新的类型名来代替原有的类型名。用 typedef 声明新的类型名的一般形式为:

typedef 类型名 标识符;

例如:

typedef float REAL

意思是用 REAL 来代表 float 类型标识符,则 float f 就可以表示为 REAL f;

typedef 经常用于将结构体、共用体类型另起一个新的名字,再用自定义的类型名定义变量。例如:

typedef struct student
{ char name[20];

```
        char sex;
        int classes;
        int age;
        char add[40];
    } STUD;
```

声明新类型名 STUD 来代替结构体类型 struct student，这时就可以用 STUD 来定义该结构体的变量了，例如：

```
    STUD s1,s2;
```

说明：

（1）用 typedef 只是对原有类型起一个新的名字，并没有产生新的数据类型。

（2）用 typedef 声明的新的类型名常用大写字母表示，以区分于系统提供的标准类型名。

9.3　结构体数组

只使用结构体变量在很多情况下是实用性不足的。例如，定义 STUD 类型的变量 s1、s2 存放了两名学生的数据，如果需要存放 50 名学生的信息就要定义 50 个变量吗？当然不是。因为每个学生的信息具有相同的模式，是相同的数据类型，即前面定义的 STUD 类型，多个同类型的数据可以用数组存储。

1.　结构体数组的定义

结构体数组就是由具有相同的结构体类型的数据元素组成的集合。在实际应用中，经常用结构体数组来表示具有相同数据结构的一个群体，如某个年级的学生信息、某家出版社的图书等。结构体数组需要先定义后使用。定义结构体数组与定义结构体变量的方法类似，只需说明它是数组即可。例如：

```
    struct chengji
        { int num;
          char name[20];
          int score;
        };
    struct chengji s[50];
```

这样就定义了一个结构体数组 s，它共有 50 个元素，从 s[0]到 s[49]可以存放 50 名学生的信息。

2. 结构体数组的初始化

结构体数组可以在定义阶段完成初始化，其一般格式是在定义之后紧跟一组用花括号括起来的数据。为了区分各个数组元素的数据，每一个元素的数据也用花括号括起来。例如：

```
struct chengji
  { int num;
    char name[20];
    int score;
  }s[5]={{201,"zhangpeng",95},
          {202,"zhanglei",60},
          {203,"wangxue",58},
          {203,"zhaona",88},
          {203,"lijuan",78},
        };
```

如果是对全部元素初始化赋值，可以省略数组长度。

3. 结构体数组的引用

结构体数组的引用与结构体变量的引用方法类似，只需将引用方式中"结构体变量名.成员名"中的结构体变量名替换成结构体数组元素即可。例如：

```
s[3].score=90;
```

以下程序可以实现输出及格的学生信息：

```
#include <stdio.h>
main()
{ struct chengji
   { int num;
     char name[20];
     int score;
   }s[5]={{201,"zhangpeng",95},
           {202,"zhanglei",60},
           {203,"wangxue",58},
           {203,"zhaona",88},
           {203,"lijuan",78},
         };
  int i,n=0;
    printf("及格的学生信息如下：\n学号    姓名    成绩\n");
```

```
    for(i=0;i<5;i++)
      {if(s[i].score>=60)
        {printf("%4d %-13s%3d\n",s[i].num,s[i].name,s[i].score);
         n++;
        }
      }
    printf("共有%d名学生及格",n);
 }
```

结构体数组输出结果如图 9-2 所示。

图 9-2　结构体数组输出结果

任务实施

　　任务描述中指出需要统计学生各项信息，每项信息的数据类型不同，所以需要构造一个结构体类型。要统计的并非一个学生的信息，而是多个学生的信息，所以需要定义结构体数组。结构体数组各元素的 name、sex、chinese、math、english 等数据项的数据通过一个 for 循环输入，sum 项的值通过计算得出。

```
#include <stdio.h>
typedef struct student
    { char name[20];
      char sex;
      int chinese,math,english;
      int sum;
     }STUD;
main()
{ int i;
  STUD s[5];
  printf("输入：\n 姓名 性别 语文 数学 英语\n");
  for(i=0;i<5;i++)
{scanf("%s %c%d%d%d",&s[i].name,&s[i].sex,&s[i].chinese,&s[i].math,&s[i].english);
    s[i].sum=s[i].chinese+s[i].math+s[i].english;
    }
  printf("学生信息如下：\n 姓名        性别 语文 数学 英语 总分\n");
```

```
for(i=0;i<5;i++)
   printf("%-15s%c%5d%5d%5d%4d\n",
s[i].name,s[i].sex,s[i].chinese,s[i].math,s[i].english,s[i].sum);
}
```

入学信息统计运行结果如图 9-3 所示。

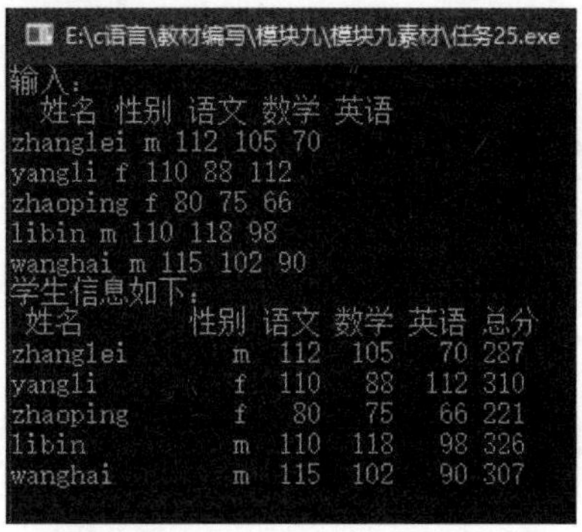

图 9-3　入学信息统计运行结果

![任务总结图标] **任务总结**

本任务使用结构体数组处理了多名学生的各项信息，体现了结构体类型在处理不同数据类型信息的优势。结构体数组各元素的初始值除了可以由用户输入外，也可以在定义阶段初始化。程序如下：

```
#include <stdio.h>
typedef struct student
   { char name[20];
      char sex;
      int chinese,math,english;
      int sum;
      }STUD;
main()
{ int i;
   STUD s[5]={{"zhanglei",'m',112,105,70},
              {"yangli",'f',110,88,112},
              {"zhaoping",'f',80,75,66},
              {"libin",'m',110,118,98},
              {"wanghai",'m',115,102,90}
              };
   printf("学生信息如下：\n 姓名 性别 语文 数学 英语 总分\n");
   for(i=0;i<5;i++)
   {s[i].sum=s[i].chinese+s[i].math+s[i].english;
    printf("%-15s%c%5d%5d%5d%4d\n",
```

```
        s[i].name,s[i].sex,s[i].chinese,s[i].math,s[i].english,s[i].sum);
    }
}
```

以上初始化方式是部分赋值方式，每个数组元素的 sum 项未被赋值，其初值为 0。

任务拓展　经典编程

定义一个日期的结构体类型，初始化生日信息，输入当前日期，计算周岁。

任务28
体育测试成绩统计——共用体

任务描述

某校对高三学生进行体育抽测，男生抽测引体向上，女生抽测 50 米跑。输入 6 名学生的姓名、性别、抽测成绩等信息，输出测试成绩合格的学生信息（引体向上一分钟做 9 个为合格，50 米跑 9.6 秒以内为合格）。

任务分析

在本任务中，学生的抽测成绩要根据学生性别分为两种情况，这时需要一种新的构造类型——共用体。

知识准备

9.4　共用体类型

在 C 语言中，不同数据类型可以使用同一存储区域。共用体就是由不同类型变量共享同一存储区域的一种构造数据类型。在本任务中就可以将表示引体向上成绩的整型变量和表示短跑成绩的浮点型变量构成一个共用体类型。

当构造好一个共用体类型之后，首先需要定义它。定义一个共用体类型的一般形式为：

```
union  共用体名
{
成员表列;
};
```

说明:

（1）"union"是 C 语言的关键字,"共用体名"是共用体的标识符,它的命名遵循标识符的命名规则。

（2）"成员表列"是共用体类型中的各数据项成员,它们通常是由一些基本数据类型的变量所组成,有时也包含一些复杂的数据类型变量。

（3）定义完一个共用体类型之后,一定要用";"结束。

例如,可以将前面构造的学生抽测成绩的共用体类型定义如下:

```
union chengji
    {int yinti;
       float time;
    };
```

9.5 共用体变量

1. 共用体变量的定义

定义共用体类型之后,即可定义属于这个类型的共用体变量。共用体变量的定义与结构体变量的定义类似,可以先定义类型再定义变量,也可以定义类型的同时定义变量。

（1）先定义类型,再定义变量。这种定义的一般形式如下:

```
union  结构体名
{
成员表列;
};
union  结构体名  变量名列表;
```

例如:

```
union cunchu
    {unsigned char a;
     short   b;
     long c;
     };
union cunchu d;
```

（2）定义类型的同时定义变量。这种定义的一般形式如下：

```
union  结构体名
{
成员表列;
}变量名列表;
```

例如：

```
union cunchu
    {unsigned char a;
     short   b;
     long c;
     }d,e;
```

在定义共用体类型时，系统并不为共用体类型分配内存空间，只有当定义共用体类型的变量时，系统才为共用体变量分配存储单元。分配空间的大小与结构体变量有很大的区别，结构体变量的每个成员分别占有内存单元，结构体变量所占的内存空间理论上是各成员所占内存空间之和；而共用体变量的各个成员共同占用同一段存储空间。因此，共用体变量所占内存空间的大小，是其成员中所占内存最大的内存大小。以上定义的共用体变量 d 的存储示意图如图 9-4 所示。

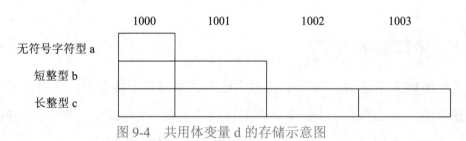

图 9-4　共用体变量 d 的存储示意图

假设起始地址是 1000，则共用体变量 d 占用从 1000 到 1003 共 4 各字节，成员 a、b、c 在内存中所占字节数不同，但都从同一个内存地址 1000 开始存放。

2. 共用体变量的引用

定义了共用体变量之后，就可以引用该变量。与结构体变量不同，共用体变量不能整体引用（"d=f;"这类的语句是错误的），只能引用共用体变量中的成员。例如，以下程序中都是正确引用共用体变量 d 成员的方式，分析程序执行结果：

```
#include <stdio.h>
main()
{ union cunchu
    {unsigned char a;
```

```
        short    b;
        long c;
        }d;
    d.a='a';
    d.b=65;
    d.c=0x12345678;
    printf("%x,%x,%x,%d",d.a,d.b,d.c,sizeof(d));
    }
```

程序执行结果为：78,5678,12345678,4

对照此程序的执行结果，说明共用体类型数据有以下特点：

（1）共用体类型中可以包含几个不同类型的成员，本例中有 unsigned char、short 和 long 三种类型，这几个类型的成员存放在同一内存段里，所以共用体变量的地址与它的各成员的地址相同，即&d、&d.a、&d.b、&d.c 都是同一地址。

（2）虽然几个类型的成员存放在同一内存段里，但在某一时刻该，内存段里只能存放其中一种成员。也就是说共用体变量中起作用的成员是最后一次赋值存放的那个成员，先被赋值的成员会被新赋值的成员所覆盖而失去作用。本例中起作用的成员就是 d.c，所以最后输出的结果都是以 0x12345678 这个值为基础。如果将程序中三条赋值语句的顺序调整一下，程序结果就会发生变化，读者可自行上机调试。

（3）不能在定义共用体变量时对它初始化。以下这种方式初始化是错误的：

```
    union cunchu
        {unsigned char a;
         short    b;
         long c;
         }d={'a',65,0x12345678};
```

此外，共用体也可以像结构体那样，使用类型定义符 typedef 声明新的类型名来代替原有的类型名，方法类似，在此不再赘述。

任务实施

本任务先将抽测成绩定义为共用体类型，用来存放男生引体向上成绩和女生短跑成绩。又定义一个结构体类型用来存放学生姓名、性别和抽测成绩，也就是在结构体内嵌套一个新的共用体。所有数据都由用户输入，要注意共用体变量值在输入时使用&s[i].cj.yinti 和&s[i].cj.time，而不能直接使用&s[i].cj。

```
    #include <stdio.h>
```

```
union chengji
    {int yinti;
     float time;
    };
struct chouce
    { char name[20];
      char sex;
      union chengji cj;
    };
main()
{ int i;
   struct chouce s[6];
   printf("请输入信息：\n");
   for(i=0;i<6;i++)
     {scanf("%s %c",&s[i].name,&s[i].sex);
     if(s[i].sex=='m')
      scanf("%d",&s[i].cj.yinti);
      else scanf("%f",&s[i].cj.time);
     }
   printf("成绩合格的学生信息：\n");
   for(i=0;i<6;i++)
     if(s[i].sex=='m'&&s[i].cj.yinti>=9)
     printf("%-15s%-3c%d个\n",s[i].name,s[i].sex,s[i].cj.yinti);
     else if(s[i].sex=='f'&&s[i].cj.time<=9.6)
        printf("%-15s%-3c%.2f秒\n",s[i].name,s[i].sex,s[i].cj.time);
}
```

体育测试成绩统计输出结果如图 9-5 所示。

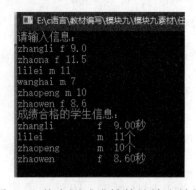

图 9-5　体育测试成绩统计输出结果

任务总结

　　本任务用结构体嵌套共用体的方式完成了学生体育测试成绩统计，共用体使用同一存储单元存储男生或女生的抽测成绩，结构体数组则存放了多名学生不同类型的各种信

息。除存储结构不同之外，结构体和共用体还有一个很大的区别是结构体可以初始化，而共用体不可以初始化，结构体初始化的程序如下：

```c
#include <stdio.h>
union chengji
    {int yinti;
     float time;
    };
struct chouce
    { char name[20];
      char sex;
      union chengji cj;
    };
main()
{ int i;
    struct chouce s[6]={{"zhangli",'f'},
                        {"zhaona",'f'},
                        {"lilei",'m'},
                        {"wanghai",'m'},
                        {"zhaopeng",'m'},
                        {"zhaowen",'f'},
                        };
    printf("请输入成绩：");
    for(i=0;i<6;i++)
      {if(s[i].sex=='m')
       scanf("%d",&s[i].cj.yinti);
       else scanf("%f",&s[i].cj.time);
      }
    printf("成绩合格的学生信息：\n");
    for(i=0;i<6;i++)
      if(s[i].sex=='m'&&s[i].cj.yinti>=9)
       printf("%-15s%-3c%d个\n",s[i].name,s[i].sex,s[i].cj.yinti);
       else if(s[i].sex=='f'&&s[i].cj.time<=9.6)
        printf("%-15s%-3c%.2f秒\n",s[i].name,s[i].sex,s[i].cj.time);
}
```

对于整个结构体而言，只给其中的 name 和 sex 两个数据项赋初值，cj 数据项为共用体类型变量，不能赋初值。

任务拓展　经典编程

设计一个共用体，实现提取短整型变量中高、低字节中的数值。例如：输入 280 时，

输出高字节数值1，低字节数值24。

项目总结

本项目共包含两个任务，内容涵盖了结构体、共用体及结构体和共用体的嵌套。

（1）结构体是由若干个相关但不同类型的数据组合构成的一种数据结构。定义结构体类型后，即可定义属于这个类型的结构体变量或结构体数组。

（2）结构体变量的定义有3种方式：先定义类型，再定义变量；定义类型的同时定义变量；直接定义变量。结构体变量可以在定义阶段完成初始化，初始化数据直接用逗号隔开。

（3）理论上讲，结构体变量的各个成员在内存中是连续存储的，但是在编译器的具体实现中，各个成员之间可能会存在缝隙，因此结构体变量的存储空间会大于或等于所有成员存储空间之和。

（4）结构体变量可以整体引用，也可以单独引用其成员，引用成员的形式为：结构体变量名.成员名，其中"."为成员运算符，优先级为1级。

（5）共用体是由不同类型变量共享同一存储区域的一种构造数据类型，共用体变量的定义与结构体变量的定义类似。共用体变量的各个成员共同占用同一段存储空间，因此共用体变量所占内存空间的大小是其成员中所占内存最大的那个成员的内存大小。

（6）在某一时刻，共用体变量中起作用的成员是最后一次赋值存放的成员，先被赋值的成员会被新赋值的成员所覆盖而失去作用。

（7）共用体变量不能整体引用，只能引用共用体变量中的成员。不能在定义共用体变量时对它初始化。

（8）结构体和共用体都可以使用 typedef 声明新的类型名来代替原有的类型名。根据需要，结构体和共用体可以互相嵌套。

达标检测

一、填空题

1. 结构体类型的关键字是_____，共用体类型的关键字是_____。

2. 引用结构体变量成员的一般形式是_____，其中"."

为_____，优先级为_____。

3．假设定义了一个共用体变量，有 3 个成员，数据类型分别为 int、char 和 double，则此共用体变量占用_____内存空间。

4．结构体变量_____在定义阶段初始化，共用体变量_____在定义阶段初始化。

5．结构体和共用体都可以使用_____声明新的类型名代替原有的类型名。

二、程序结果题

1．
```
#include<stdio.h>
main()
{ struct
    { int a;
      int b;
      struct
      { int x;
        int y;
      }li;
    }wai;
  wai.a=5; wai.b=3;
  wai.li.x=wai.a+wai.b;
  wai.li.y=wai.a-wai.b;
  printf("%d,%d",wai.li.x,wai.li.y);
}
```

2．
```
#include<stdio.h>
main()
{union ex
    {struct
        {int a;
         int b;
        }nei;
    int c;
    int d;
    }e;
  e.c=2;e.d=8;
  e.nei.a=e.c;
  e.nei.b=e.d;
  printf("%d,%d\n",e.nei.a,e.nei.b);
}
```

3.
```c
#include<stdio.h>
main()
{ union
    { int a;
      int b;}x;
    x.a=8;
    x.b=6;
    printf("%d,%d",x.a+x.b,sizeof(x));
}
```

4.
```c
#include<stdio.h>
main()
{   union
    { char s[2];
      int a;
    }x;
    x.a=0x5368;
    printf("x.a=%x\n",x.a);
    printf("x.s[0]=%x,x.s[1]=%x\n",x.s[0],x.s[1]);
    x.s[0]=1;
    x.s[1]=0;
    printf("x.a=%x\n",x.a);
}
```

5.
```c
#include<stdio.h>
struct exa
{     int n;
      char ch;
};
struct exa func(struct exa x2)
{     x2.n+=10;
      x2.ch-=3;
      return x2;
}
main()
{ struct exa x1={5,'t'},x3;
    x3=func(x1);
    printf("%d,%c",x3.n,x3.ch);
}
```

三、编程题

1．某小组学生信息见表 9-2，请利用结构体存储以下信息，并输出最高分学生的信息。

表 9-2　小组学生信息

学　号	姓　名	成　绩
101	王海	92
102	李琛	95
103	苏晓菲	88
104	王子墨	86
105	杨静	98

2．某小组学生信息见表 9-2，请利用结构体存储信息，并按照成绩降序排列输出所有学生信息，结果如图 9-6 所示。

图 9-6　按成绩排序后的学生信息

3．某小组学生视力情况见表 9-3，请利用结构体嵌套共用体存储信息，按是否戴眼镜输出学生信息，结果如图 9-7 所示。

表 9-3　小组学生视力情况

学　号	姓　名	是否戴眼镜	度数/视力
101	王海	是	400
102	李琛	否	5.0
103	苏晓菲	是	300
104	王子墨	否	5.1
105	杨静	是	500

图 9-7　学生视力信息输出结果

项目10

对文件进行操作

 项目概述 ·····································

　　文件是 C 语言程序设计中的一个重要概念，在程序运行时，程序本身和数据一般都存放在内存中。当程序运行结束后，存放在内存中的数据（包括运行结果）即刻被释放。如果需要长期保存程序运行所需的原始数据或程序运行产生的结果，就必须以"文件"形式存储到外部存储介质上。本项目主要介绍文件的有关概念与存储。

学习目标 ·····································

　　【知识目标】掌握文件以及文件指针的概念；掌握文件打开、关闭、读、写等文件操作函数的使用。

　　【技能目标】会对文件进行简单的操作。

　　【素养目标】培养学生遵守规则，遵守社会规则意识。

知识框架 ·····································

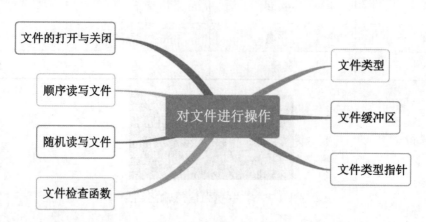

任务 29
向磁盘写入文本，建立文件——文件的打开和关闭

任务描述

编写程序，将终端读入的文本输入到一个磁盘文件中，输入文本时用 # 作为结束标志，磁盘文件名为 new.dat。

任务分析

因为在输入文本前需要以写的方式新建一个文本文件，创建文件后，将文件指针指向此文件，判断终端输入的字符是否为 #，如果不是，继续读入后面的字符，直到读入的字符为 # 时，循环退出，将这个文件进行关闭操作。

知识准备

在之前的学习过程中，程序在编译运行时所需的数据，要么是直接在代码中初始化或者直接赋值，要么是通过输入端输入，并且程序的结果也仅是在屏幕上显示，当程序结束运行后，所有的数据、变量值都会被释放掉，不再存储。

而"文件"是存储在外部存储器上的一组数据的有序集合，通过使用文件可以解决数据的存储问题，它能将数据存储于磁盘文件，使其得到长时间的保存。

文件通常是驻留在外部介质上的，只有在使用时才会被调入内存中。一个程序的运行结果在输出保存到文件后，还可以将这些数据作为另一个程序的输入数据，再次进行处理。

10.1　文件类型

1. 按用户对文件的使用角度分类

从用户对文件的使用角度，文件可以分为普通文件与设备文件两种。

（1）普通文件是指驻留在磁盘或其他外部介质上的一个有序数据集，可以是源文件、

目标文件、可执行程序，也可以是一组待输入处理的原始数据，或者是一组输出的结果。

源文件、目标文件、可执行程序可以称作程序文件，输入／输出数据可称作数据文件。

（2）设备文件是指与主机相连的各种外部设备，如显示器、打印机、键盘等。在操作系统中，把外部设备也看作一个文件来进行管理，它们的输入、输出等同于对磁盘文件的读和写。通常把显示器定义为标准输出文件，一般情况下，在屏幕上显示有关信息就是向标准输出文件输出，如前面经常使用 printf、putchar 函数就是这类输出。

键盘通常被指定标准的输入文件，从键盘输入就意味着从标准输入文件上输入数据，如 scanf、getchar 函数就属于这类输入。

2. 按文件编码的方式分类

从文件编码的方式来看，文件可分为 ASCII 码文件和二进制码文件两种。

（1）ASCII 文件也称为文本文件，这种文件在磁盘中存放时，每个字符对应一个字节，用于存放对应的 ASCII 码。例如，数 123 的存储形式为：

ASCII 码：00110001 00110010 00110011

十进制码：　　　1　　　　　2　　　　　3

由上可以看出，数 123 若以 ASCII 码方式存储时，共占用 3 字节。ASCII 码文件可在屏幕上按字符显示，如源程序文件就是 ASCII 文件，用 DOS 命令 TYPE 可显示文件的内容。由于是按字符显示，因此能读懂文件内容。

（2）二进制文件是按二进制的编码方式来存放文件的。例如，数 123 的存储形式为 00000000 00000000 00000000 01111011，占 4 字节。二进制文件虽然也可在屏幕上显示，但其内容无法读懂。系统在处理这些文件时，并不区分类型，都看成是字符流，按字节进行处理。输入／输出字符流的开始和结束只由程序控制而不受物理符号（如回车符）的控制。

10.2　文件缓冲区

由于文件数据存放于外部存储器上，所以在使用文件中的数据时读写的效率很低，速度也会比较慢，此时系统会在内存中开辟一个缓冲区，用于处理文件中与数据输入和输出相关的操作。

缓冲区相当于一个桥梁，当程序需要将数据输出到文件时，系统会自动开辟一个缓

冲区来存放输出的数据，当数据填满缓冲区后，就会将缓冲区中的数据内容一次性地输出到相应的文件中；而当程序需要从文件中读取数据的时候，系统又会自动开辟出另一个缓冲区，用于存放通过文件读取的数据内容。此时，程序中的相应语句就会从缓冲区中逐个地读入这些数据，每当缓冲区数据被获取完后，缓冲区就会从文件中再次读取另一批数据内容。

简单描述该过程如下：

输出：数据→缓冲区→装满缓冲区→磁盘文件。

输入：磁盘文件→一次性输入一批数据到缓冲区→逐个读入数据到程序相应变量→再次输入一批数据到缓冲区→再次逐个读入数据到程序相应变量→……→完成输入。

这样做是为了节省存取时间，提高效率，缓冲区的大小由具体的 C 语言编译系统确定。

可以使用文件指针对缓冲区中数据读写的具体位置进行指示，当同一时间使用多个文件进行读写时，每个文件都配有缓冲区，并且使用不同的文件指针进行指示。

10.3　文件类型指针

缓存文件系统中，关键的概念是"文件类型指针"，简称"文件指针"。每个被使用的文件都在内存中开辟了一个相应的文件信息区，用来存放文件的有关信息（如文件名称、文件状态及文件当前位置等），这些信息是保存在一个结构体变量中的。该结构体类型是由系统声明的，取名为 FILE。

例如：有一种 C 语言编译环境提供的 stdio.h 头文件中有以下的文件类型声明：

```
typedef    struct
{ short level;                  //缓冲区"满"或"空"的程度
   unsigned flags;              //文件状态标志
   char fd;                     //文件描述符
   unsigned char hold;          //如缓冲区无内容不读取字符
   short bsize;                 //缓冲区大小
   unsigned char *buffer;       //数据缓冲区的位置
   unsigned char *curp;         //文件位置标记指针当前的指向
   unsigned istemp;             //临时文件指示器
   short token;                 //用于有效性检查
}FILE;
```

不同的 C 语言编译系统的 FILE 类型包含的内容不完全相同，但大同小异。以上声明 FILE 结构体类型的信息包含在头文件 "stdio.h" 中。通常设置一个指向 FILE 类型变量的指针变量，然后通过它来引用这些 FILE 类型变量。

文件类型指针的定义语法格式如下：

```
FILE *指针变量；
```

其中，FILE 应为大写，它实际上是由系统定义的一个结构，在编写源程序时，不必关心 FILE 结构的细节。例如：

```
FILE *fp；
```

其中，fp 是一个指向 FILE 类型数据的指针变量。可以使 fp 指向某一个文件的文件信息区（一个结构体变量），通过该文件信息区中的信息就能够访问该文件，也就是通过文件指针变量能够找到与它关联的文件。通常将这种指向文件信息区的指针变量简称为指向文件的指针变量。

指向文件的指针变量并不是指向外部介质上的数据文件的开头，而是指向内存中的文件信息区的开头。

10.4   文件的打开与关闭

文件在进行读写操作之前需要先打开，使用完毕再关闭。所谓打开文件，实际上是建立文件的各种有关信息，并使文件指针指向该文件，以进行其他操作。关闭文件则是断开指针与文件之间的联系，也就禁止再对该文件进行操作。

1. 文件打开函数 fopen

fopen 函数用来打开一个文件，其调用的一般格式如下：

```
文件指针名=fopen((文件名，使用文件方式)
```

其中，"文件指针名" 必须是被说明为 FILE 类型指针变量，"文件名" 是被打开文件的文件名，其类型为字符串常量或字符串数组；"使用文件方式" 是指文件的类型和操作要求。

例如：

```
FILE *fp；
fp=fopen("file1.txt","r")；
```

其含义是在当前目录下打开文件 file1.txt，只允许进行 "读" 操作，并使 fp 指向该

文件。fopen 函数的返回值是指向 file1.txt 文件的指针（即该文件信息区的起始地址），通常将 fopen 函数的返回值赋给一个指向文件的指针变量。

　　文件使用方式的符号和含义见表 10-1。

表 10-1　文件使用方式的符号和含义

文件使用方式	说　　明
r	以只读方式打开一个文本文件
w	以只写方式打开一个文本文件
a	以追加方式打开一个文本文件
r+	以读写方式打开一个文本文件
w+	以读写方式建立一个新的文本文件
a+	以读写/追加方式建立一个新的文本文件
rb	以只读方式打开一个二进制文件
wb	以只写方式打开一个二进制文件
ab	以追加方式打开一个二进制文件
rb+	以读写方式打开一个二进制文件
wb+	以读写方式建立一个新的二进制文件
ab+	以读写／追加方式建立一个新的二进制文件

　　（1）文件使用方式由 r、w、a、t、b、+这 6 个字符拼成，各个字符的含义是：r（read）为读；w（write）为写；a（append）为追加；t（text）为文本文件，可省略不写；b（banary）为二进制文件；+为读和写。

　　（2）但凡用 r 打开一个文件，该文件必须已经存在，且只能从该文件读出。

　　（3）用 w 打开的文件，只能向该文件写入。若打开的文件不存在，则以指定的文件名建立该文件；若打开的文件已经存在，则将该文件删去，重新创建一个新文件。

　　（4）若要向一个已存在的文件追加新的信息，只能用 a 方式打开文件，但此时该文件必须是存在的，否则将会报错。

　　（5）标准输入文件（键盘）、标准输出文件（显示器）、标准出错输出（出错信息）都由系统打开，可直接使用。

　　例如：以只读方式打开一个 E 盘 test 文件夹下名为 file1 的文件，代码如下。

```
FILE *fp;
fp=fopen("E:\\test\\file1.txt","r");
```

对于一个文件能否打开，可以使用下列语句进行判断。

```
FILE *fp;
if ((fp=fopen("E:\\test\\file1.txt","r"))==NULL);
 {
     printf("文件打开失败!\n");
     exit(0);
 }
```

运行程序若提示"文件打开失败!",则说明文件打开出错。一般情况下,打开文件失败原因主要有 3 种情况:指定盘符或者路径不存在;文件名中含有无效字符;将要打开的文件不存在。

2. 文件的关闭

文件在使用完毕后应进行关闭操作,以免出现未知错误或是被再次误用。关闭操作实际上指将文件指针释放掉,释放后的文件指针变量不再指向该文件,此时的文件指针为自由的状态,并且释放过后不能再继续通过该指针对原来指向的文件进行相应的读写操作,除非再次使用该指针变量打开原来指向的文件。对文件进行及时的关闭操作也能避免文件中的数据丢失,所以执行文件的关闭操作是十分必要的。

在 C 语言中,对文件进行关闭操作可以使用 fclose 函数,调用该函数的一般格式为:

```
fclose(文件指针);
```

其中,指针变量 fp 为使用 fopen 函数打开文件时的指针。通过 fclose 函数关闭该指针指向的文件后,文件指针变量不再指向该文件,也就是说文件指针变量与该文件"脱钩"。

若是文件关闭成功,则 fclose 函数的返回值为 0;若是文件关闭失败,则 fclose 函数的返回值为-1。

例如:

```
FILE *fp;
fp=fopen("E:\\test\\file1.txt","r");
fclose(fp);
```

📄 **任务实施**

本次任务主要是利用 C 语言程序,定义文件指针 fp、字符变量 ch,通过写方式打开文件 new.dat,利用循环语句 while 判断,不是"#"时把字符写入到文件中,如果是"#"则结束操作,最后关闭文件。

```
#include<stdio.h>
```

```
main()
{
    char ch;
    FILE *fp;
    if((fp=fopen("new.dat","w")==NULL)
     exit(0);
    while((ch=getchar())!='#')
     {
        fputc(ch,fp);
     }
     fclose(fp);
}
```

任务总结

在打开文件之前，务必要定义文件类型指针，使文件指针变量能够找到与其关联的文件，再对文件信息区进行相关操作。操作完成后，设置文件指针变量不再指向该文件，避免数据丢失。

任务拓展　经典编程

编写程序，将刚才写入文件 new.dat 中的字符串读取出来并在屏幕上进行显示。

任务30
编程实现文件复制——顺序读/写文件

任务描述

请编写程序实现文件的复制。即把 D 盘根目录下文件名为 f1.txt 的文件中的内容复制到 D 盘根目录下文件名为 f2.txt 的文件中。

任务分析

要打开两个文件，需要使用两个文件指针，先使用 fopen 函数打开文件后，将 f1 文件中的字符依次进行读取，再依次写入 f2 文件中，反复进行操作直到读取完毕。使用

fclose 函数关闭两个文件。

知识准备

文件打开后，即可对它进行读写。在进行顺序写操作时，先写入的数据存放在文件中前面的位置，后写入的数据存放在文件中后面的位置。在进行顺序读操作时，先读文件中前面的数据，后读文件中后面的数据。也就是说，对顺序读写操作来说，对文件读写数据的顺序和数据在文件中的物理顺序是一致的。

文件的读和写是最常用的文件操作，在 C 语言中提供了多种文件读写的函数。如字符读写函数 fgetc 和 fputc；字符串读写函数 fgets 和 fputs；数据块读写函数 fread 和 fwrite；格式化读写函数 fscanf 和 fprinf。使用以上函数可以实现相应的文件操作，函数都包含在头文件 stdio.h 中。

10.5 顺序读/写文件

1. 向文件读写一个字符

对文本文件读入或输出一个字符的函数见表 10-2。

表 10-2　读写一个字符的函数

函　数　名	调　用　格　式	功　　能	返　回　值
fgetc	fgetc(fp)	从 fp 指向的文件读入一个字符	读成功，带回所读的字符，失败则返回文件结束标志 EOF（即-1）
fputc	fputc(ch,fp)	把字符 ch 写到文件指针变量 fp 所指向的文件中	输出成功，返回值就是输出的字符；输出失败，则返回 EOF（即-1）

（1）读字符函数 fgetc。函数调用的格式如下：

```
字符常量=fgetc(文件指针);
```

例如：

```
char ch;
ch=fgetc(fp);
```

其意义是从打开的文件 fp 中读取一个字符并送入 ch 中。

在 fgetc 函数调用中，读取的文件必须是以读或读写方式打开。读取字符的结果也可以不向字符变量赋值。例如：

fgetc(fp);

该操作读出的字符不能进行保存。

在文件内部有一个位置指针，用来指向文件的当前读写字节。在文件打开时，该指针总是指向文件的第一字节。使用 fgetc 函数后，该位置指针将向后移动一字节，因此可连续多次使用 fgetc 函数读取多个字符。

（2）写字符函数 fputc。函数调用的格式如下：

fputc(字符表达式,文件指针);

其中，字符表达式为待写入的字符量，可以是字符常量或变量。

例如：

fputc('a',fp);

其意义是字符 a 写入 fp 所指向的文件中。

被写入的文件可以用写、读写、追加方式打开，当用写或读写方式打开一个已存在的文件时，将会清除原有的文件内容，写入字符从文件首开始。如需保留原有文件内容，希望写入的字符从文件末尾开始存放，必须以追加方式打开文件。被写入的文件若不存在，则建立该文件。

每写入一个字符，文件内部位置指针会向后移动一字节。

fputc 函数有一个返回值，如果写入成功则返回写入的字符，否则返回 EOF。

2. 向文件读写一个字符串

C 语言允许通过函数 fgets 和 fputs 来读写字符串，读写字符串的函数见表 10-3。

表 10-3　读写一个字符串的函数

函 数 名	调 用 格 式	功　　能	返　回　值
fgets	fgets(str,n,fp)	从 fp 指向的文件读入一个长度为（n-1）的字符串，存放在字符数组 str 中	读成功，返回地址 str，失败则返回 NULL
fputs	fputs(str,fp)	把 str 所指向的字符串写到文件指针变量 fp 所指向的文件中	输出成功，返回 0；否则返回非 0 值

fgets 中最后一个字母 s 表示字符串(string)。fgets 的含义是从文件读取一个字符串。

（1）读字符串函数 fgets。函数调用的格式如下：

fgets(字符数组名,n,文件指针);

其中，n 是一个正整数，表示从文件中读出的字符串不超过 n-1 个字符。在读入的最后一个字符后加上串结束标志\0。例如：

```
fgets(str,11,fp);
```

其意义是从 fp 所指的文件中读取 10 个字符送入字符数组 str 中。在读出 n-1 个字符之前，如遇到了换行符或 EOF，则读出结束。fgets 函数也有返回值，其返回值是字符数组的首地址。

（2）写字符串函数 fputs。函数调用的格式如下：

```
fputs(字符串,文件指针);
```

其中，符串可以是字符串常量，也可以是字符数组名，或指针型指针变量。字符串末尾的\0，不输出。例如：

```
fputs('abcd',fp);
```

其意义是字符 abcd 写入 fp 所指向的文件中。

被写入的文件可以用写、读写、追加方式打开，用写或读写方式打开一个已存在的文件时将清除原有的文件内容，写入字符从文件首开始。如需保留原有文件内容，希望写入的字符从文件末尾开始存放，必须以追加方式打开文件。被写入的文件若不存在，则建该文件。每写入一个字符，文件内部位置指针向后移动一个字节。

fputc 函数有一个返回值，如果写入成功则返回写入的字符，否则返回 EOF。可用此来判断写入是否成功。

3. 数据块的读写

在程序中不仅需要输入输出一个数据，而且常常需要输入输出一组数据（如数组或结构体变量的值），C 语言允许用 fread 函数从文件中读取一个数据块，用 fwrite 函数向文件写一个数据块。在向磁盘写数据时，直接将内存中一组数据原封不动、不加转换地复制到磁盘文件上，在读入时也是将磁盘文件中若干字节的内容一批读入内存。

读数据块函数 fread，函数调用的格式如下：

```
fread(buffer,size,count,fp);
```

写数据块函数 fwrite，函数调用的格式如下：

```
fwrite(buffer,size,count,fp);
```

其中，buffer 是一个指针，在 fread 函数中表示存放输入数据的首地址，在 fwrite 函数中表示存放输出数据的首地址；size 表示数据块的字节数；count 表示要读写的数据块；fp 表示文件指针。

例如：

```
         fread(fa,4,10,fp);
```

其意义是从 fp 所指的文件中，每次读 4 字节（1 个实数）送入实数组 fa 中，连续读 10 次，即读 10 个实数到 fa 中。

4. 格式化的读写

fscanf 函数和 fprintf 函数，与前面使用的 scanf 和 printf 函数的功能相似，都是格式化读写函数。两者的区别在于 fscanf 函数和 fprintf 函数的读写对象不是键盘和显示器，而是磁盘文件。

格式化输入函数 fscanf，函数调用的格式如下：

```
    fscanf(文件指针,格式字符串,输入表列);
```

格式化输出函数 fprintf，函数调用的格式如下：

```
    fprintf(文件指针,格式字符串,输出表列);
```

例如：

```
    fscanf(fp,"%d%s",&i,s);
    fprintf(fp,"%d%c",j,ch);
```

📄 任务实施

建立文件指针 fp1 和 fp2，用 fopen 函数以只读方式打开 f1.txt，用 fopen 函数以只写方式打开 f2.txt，把 f1.txt 文件的第一个字符赋值给字符变量 ch，循环判断 ch 是否为文件结束符，若不是结束符，则反复读取 f1.txt 文件中字符给 f2.txt 输出。如果 ch 为文件结束符，循环终止，使用 fclose 函数关闭两个文件。

```c
#include<stdio.h>
main()
{
    char ch;
    FILE *fp1,*fp2;
    fp1=fopen("d:\\f1.txt","r");
    fp2=fopen("d:\\f2.txt","w");
    ch=fgetc(fp1);
    while(ch!=EOF)
    {
        fputc(ch,fp2);
        ch=fgetc(fp1);
    }
```

```
        fclose(fp1);
        fclose(fp2);
}
```

任务总结

此任务巩固了打开文件和关闭文件函数的使用，同时也进一步熟悉了文件读写函数的使用方法，将其合理运用到程序中。

任务拓展　经典编程

打开文本文件 name1.txt，逐个读取文件中的字符，统计空格的个数。

任务 31

"Welcome" 写入文件再读出后显示——随机读/写文件

任务描述

请编写程序，使用字符串写函数将字符串 "Welcome" 写入 ASCII 文件 file1.txt 中，再使用字符串读函数将刚写入文件的字符串读入内存并显示在屏幕上。

任务分析

建立文件指针，用函数打开文件，将字符串写入文件。写入结束后，文件内部位置指针指向文件尾部，如果想显示刚才写入的字符串，文件内部位置指针必须指向文件开头位置，如果关闭文件再打开就比较烦琐，所有使用随机读写函数在不重新打开文件情况下重新定位位置指针。

知识准备

对文件进行顺序读写比较容易理解，也容易操作，但有时效率不高。例如，文件中有 1000 个数据，若只查第 1000 个数据，也必须先逐个读入前面 999 个数据，才能读入第 1000 个数据。顺序读写显然费时又费力，这时可以使用随机访问的方法进行读写，随机访问不是按数据在文件中的物理位置次序进行读写，而是可以对任何位置上的数据进行访问，显然这种方法比顺序访问效率高得多。

10.6 随机读/写文件

前面介绍对文件的读写方式都是顺序读写，即读写文件只能从头开始，顺序读写各个数据。但在实际问题中常要求只读写文件中某一指定的部分。为了解决这个问题，可移动文件内部的位置指针到需要读写的位置再进行读写，这种读写称为随机读写。实现随机读的关键是按要求移动位置指针，这称为文件的定位。文件定位移动文件内部位置指针的函数主要有两个：rewind 函数和 fseek 函数。

1. 文件位置标记

为了对读写进行控制，系统为每个文件设置了一个文件读写位置标记（简称文件位置标记或文件标记）。

一般情况下，在对字符文件进行顺序读写时，文件位置标记指向文件开头，这时如果对文件进行读的操作，就读第 1 个字符，然后文件位置标记向后移一个位置，在下一次执行读的操作时，就将位置标记指向的第 2 个字符读入。依此类推，遇到文件尾结束。

如果是顺序写文件，则每写完一个数据后，文件位置标记顺序向后移一个位置，然后在下一次执行写操作时把数据写入位置标记所指的位置。直到把全部数据写完，此时文件位标记在最后一个数据之后。

可以根据读写的需要，人为地移动文件标记的位置。文件位置标记可以向前移、向后移，移到文件头或文件尾，然后对该位置进行读写，显然这就不是顺序读写了，而是随机读写。

所谓随机读写，是指读写完上一个字符（字节）后，并不一定要读写其后续的字符（字节），而可以读写文件中任意位置上所需要的字符（字节）。即对文件读写数据的顺序和数据在文件中的物理顺序一般是不一致的。可以在任何位置写入数据，在任何位置读取数据。

（1）位置指针重返文件头函数 rewind。函数 rewind 调用的格式如下：

```
rewind(文件指针);
```

其作用是使文件位置标记重新返回文件的开头，此函数没有返回值。

（2）当前读写位置函数 ftell。函数 ftell 调用的格式如下：

> ftell(文件指针);

其作用是文件指针指向一个正在进行读写操作的函数，若是函数调用成功，则返回当前文件指针指向的位置值；若是函数调用失败，则返回值为-1。

（3）改变文件位置指针函数 fseek。函数 fseek 调用的格式如下：

> fseek(文件指针,位移量,起始点);

其中，"文件指针"指向被移动的文件；"位移量"表示移动的字节数，要求位移量是 long 数据，以便在文件长度大于 64KB 时不会出错，当用常量表示位移量时，要求加后缀"L"；"起始点"表示从何处开始计算位移量，规定的起始点有文件首、当前位置和文件尾 3 种，其表示方法见表 10-4。

表 10-4　3 种起始点的表示方法

起始点	表示符号	数字表示
文件首	SEEK-SET	0
当前位置	SEEK-CUR	1
文件尾	SEEK-END	2

fseek 函数一般用于二进制文件。例如：

> fseek(fp,100L,0);

将文件位置标记向前移到离文件开头 100 字节处。

> fseek(fp,50L,1);

将文件位置标记向前移到离当前位置 50 字节处。

> fseek(fp,-10L,2);

将文件位置标记从文件末尾处向后退 10 字节。

10.7　文件检测函数

在使用文件读写函数对磁盘文件进行相关的读写操作时，难免会出现各种错误，或者有时需要对文件的结束进行相应的判断。C 语言提供了相应的函数，能够对文件读写过程中的错误进行检测，以及对文件的结束进行判断。

1. 文件结束判断函数 feof

文件结束判断函数 feof 用于检测文件指针在文件中的位置是否到达了文件的结尾。

调用文件结束判断函数 feof 的格式如下：

feof(文件指针);

若是该函数返回一个非 0 值，则表示该函数检测到文件指针已经到达了文件的结尾；若是该函数返回一个 0 值，则表示文件指针未到文件结尾处。

2. 文件读写错误检测函数 ferror

在对文件调用各种输入输出函数 fgetc、fputc、fread、fwrite 等时，若是出现错误，那么除了函数的返回值会有所表示外，还可以通过调用 ferror 函数来进行检测。

调用函数文件读写错误检测函数 ferror 的格式如下：

ferror(文件指针);

若是函数 ferror 的返回值为 0，则表示正常为未出现错误；若是函数 ferror 的返回值为一个非 0 值，则表示出现错误。当执行 fopen 函数打开某个文件时，ferror 函数的初始值会自动重置为 0。

3. 文件错误标志清除函数 clearerr

文件错误标志清除函数 clearerr 能够将文件的错误标志以及文件的结束标志重置为 0。例如，在调用一个输入输出函数对文件进行相应的读写操作时，出现了错误，那么使用 ferror 函数就会返回一个非 0 值，此时调用 clearerr 函数，ferror 函数的返回值就会被重置为 0。

调用文件错误标志清除函数 clearerr 的格式如下：

clearerr(文件指针);

不论调用 feof 函数，还是调用 ferror 函数，若出现错误，那么该错误标在对同一个文件进行下一次的输入输出操作前会一直保留，直到对该文件调用 clearerr 函数。

任务实施

将字符串"Welcome"存入字符串数组 string 中，定义文件指针 fp，以写方式打开文件 file1.txt，将存入字符数组的字符写入文件中，使用 rewind 函数将文件内部的位置指针移到文件首，再使用读字符串函数 fgets 将文件内容赋值给字符串数组 display，将字符串数组 display 进行显示输出，最后关闭文件。

```
#include<stdio.h>
 main()
{
    char string[ ]="Welcome";
   char display[10]
    FILE *fp;
   if((fp=fopen("file1.txt","w+")==NULL)
     {
              printf("can't open file!\n");
exit(1);
}
   else
     {
     fputc(string,fp);
     rewind(fp);
     fgets(display,10,fp);
     puts(display);
     fclose(fp);
       }
}
```

任务总结

在本次任务中使用两个字符串数组函数,一个进行键盘录入字符的记忆,并将字符数组内容写入到文件中,在不关闭文件的情况下,使用位置指针重返文件头函数将指针重新定位,将文件中的字符串读出后赋值给另一个字符串并显示。

任务拓展　经典编程

编写程序,有一个磁盘文件内有一些信息。要求第 1 次将文件内容显示在屏幕上,第 2 次把它复制到另一文件上。

项目总结

本项目首先介绍文件的概念,接着讲解文件的打开与关闭、文件的顺序读写操作函数、文件的随机读写函数及文件的检测函数等知识。

本项目通过 3 个任务的实现，任务 29 介绍了文件打开、关闭的使用方法和操作规范；任务 30 和任务 31 介绍了文件顺序读写操作和文件的随机读写操作涉及的 8 个函数的格式和使用方法及 3 个检测函数的使用，最后通过案例应用熟悉函数的使用技巧。

达标检测

一、填空题

1. 从用户对文件的使用角度，文件可以分为_____与_____两种。

2. 从文件编码的方式来看,文件可分为_____和_____两种。

3. 打开文件，实际上是建立文件的各种有关信息，并使_____指向该文件，以进行其他操作。

4. 为了对读写进行控制，系统为每个文件设置了一个_____。

5. _____用于检测文件指针在文件中的位置是否到达文件的结尾。

二、程序结果题

1. 已有文本文件 test.txt，其中的内容为"Hello,everyone!"。

```
#include<stdio.h>
main()
{
    FILE *fp;
    char str[40];
    fp=fopen("test.txt","r");
    fgets(str,5,fp);
    printf("%s\n",str);
    fclose(fp);
}
```

2.
```
#include<stdio.h>
main()
{
    FILE *fp;
    char *s1="Beijing",*s2="Jinan";
```

```
    if((fp=fopen("file1.txt","wb"))==NULL)
      {
         printf("can't open file1.txt file\n");
         exit;
      }
    fwrite(s1,7,1,fp);
    fseek(fp,0L,SEEK_SET);
    fwrite(s2,5,1,fp);
    fclsoe(fp);
  }
```

3.
```
#include<stdio.h>
main()
{
  FILE *fp;
  int i,n;
  if((fp=fopen("temp.txt","w+"))==NULL)
  {
    printf("不能建立 temp 文件\n");
    return;
  }
  for(i=1;i<=10;i++)
    fprint(fp,"%3d",i);
  for(i=0;i<5;i++)
   {
    fseek(fp,i*6L,SEEK_SET);
    fscanf(fp,"%d",&n);
    printf("%3d",n);
   }
  printf("\n");
  fclose(fp);
}
```

三、编程题

1. 从键盘上输入一个字符串，把该字符串中的小写字母转换为大写字母，输出到文件 test.dat 中，然后从该文件读出字符串并显示出来。

2. 实现一个备忘录程序，通过输入端输入具体备忘事项，使用 fprintf 函数将备忘事项输出到磁盘文件中。

基本字符 ASCⅡ 码表（0~127）

ASCII 码值	字符	ASCII 码值	字符	ASCII 码值	字符	ASCII 码值	字符
0	（空字符）	32	（空格符）	20	¶	52	4
1	☺	33	!	21	§	53	5
2	☻	34	"	22	‒	54	6
3	♥	35	#	23	↕	55	7
4	♦	36	$	24	↑	56	8
5	♣	37	%	25	↓	57	9
6	♠	38	&	26	→	58	:
7	（蜂鸣符）	39	'	27	←	59	;
8	■	40	(	28	∟	60	<
9	（Tab 键）	41	)	29	↔	61	=
10	（换行符）	42	*	30	▲	62	>
11	♂	43	+	31	▼	63	?
12	♀	44	,	64	@	96	`
13	（回车符）	45	-	65	A	97	a
14	♫	46	.	66	B	98	b
15	☼	47	/	67	C	99	c
16	►	48	0	68	D	100	d
17	◄	49	1	69	E	101	e
18	↕	50	2	70	F	102	f
19	‼	51	3	71	G	103	g
72	H	104	h	84	T	116	t
73	I	105	i	85	U	117	u
74	J	106	j	86	V	118	v
75	K	107	k	87	W	119	w
76	L	108	l	88	X	120	x
77	M	109	m	89	Y	121	y
78	N	110	n	90	Z	122	z
79	O	111	o	91	[	123	{
80	P	112	p	92	\	124		
81	Q	113	q	93	]	125	}
82	R	114	r	94	^	126	~
83	S	115	s	95	_	127	⌂

运算符表

序号	类别	运算符	说明	优先级	备注
1	初等运算符	（） [] — > 。		1	
2	自增自减运算符	++ - -			
3	强制类型转换符	（类型）			
4	取地址运算符	&		2	单目运算符
5	取值运算符	✳			
6	求字节数运算符	Sizeof (类型 or 变量)			
7	算术运算符	—	负号	2	单目运算符
		✳ / %		3	
		+ —		4	
8	左移右移运算符	>> <<		5	
9	关系运算符	>>= < <=		6	
		== ! =		7	
10	位运算符	~	按位取反	2	单目运算符
		&	按位与	8	
		^	按位异或	9	
		|	按位或	10	
11	逻辑运算符	!	逻辑非	2	单目运算符
		&&	逻辑与	11	
		||	逻辑或	12	
12	条件运算符	? :	三目运算	13	右结合性
13	赋值运算符	=		14	右结合性
		+ = - = * = / = % =	复合赋值		
		>> = << = ^ = | =			
14	逗号运算符	,		15	

说明:

① 初等运算符优先级最高,逗号运算符优先级最低。

② 标注"单目运算符"的运算符,具有"右结合性",其他没有特别说明的均为双目运算符,具有左结合性。

③ 优先级相同的运算符,结合次序由结合方向决定;优先级不同的运算符,运算次序按优先级由高到低。